中等职业教育中餐烹饪专业教材

现代厨房管理
（第二版）

XIANDAI CHUFANG GUANLI
（DI ER BAN）

黄　懿　李忠华◎主编

中国轻工业出版社

图书在版编目（CIP）数据

现代厨房管理 / 黄懿，李忠华主编. —2版. —北京：
中国轻工业出版社，2025.1
中等职业学校中餐烹饪专业教材
ISBN 978-7-5184-3347-6

Ⅰ.①现… Ⅱ.①黄… ②李… Ⅲ.①厨房—管理—
中等专业学校—教材 Ⅳ.①TS972.3

中国版本图书馆CIP数据核字（2020）第258997号

责任编辑：贺晓琴　　责任终审：李建华　　设计制作：锋尚设计
策划编辑：史祖福　　责任校对：宋绿叶　　责任监印：张　可

出版发行：中国轻工业出版社（北京鲁谷东街5号，邮编：100040）
印　　刷：三河市国英印务有限公司
经　　销：各地新华书店
版　　次：2025年1月第2版第4次印刷
开　　本：787×1092　1/16　印张：13
字　　数：300千字
书　　号：ISBN 978-7-5184-3347-6　定价：36.00元
邮购电话：010-85119873
发行电话：010-85119832　　010-85119912
网　　址：http://www.chlip.com.cn
Email：club@chlip.com.cn
版权所有　侵权必究
如发现图书残缺请与我社邮购联系调换
250087J3C204ZBW

本书编写人员

主　编　黄　懿（江苏省徐州技师学院）

　　　　李忠华（烟台文化旅游职业学院）

副主编　杨宗亮（江苏省徐州技师学院）

　　　　钱　雷（邳州中等专业学校）

　　　　王旭杰（山东省城市服务技师学院）

编　者　曹成章（山东省城市服务技师学院）

　　　　钱　峰（江苏省徐州技师学院）

　　　　吴长华（江苏省滨海中等专业学校）

　　　　吴　晶（无锡旅游商贸高等职业技术学校）

　　　　桑宇平（苏州市太湖旅游中等专业学校）

　　　　邵泽东（宁波市古林职业高级中学）

　　　　高敬严（长垣烹饪职业技术学院）

　　　　王春亭（江苏省滨海中等专业学校）

　　　　王南南（江苏省滨海中等专业学校）

随着社会的发展和人民生活水平的提高，餐饮行业已成为人们生活中不可缺少的组成部分，对人们日常生活的影响越来越大，得到了空前的快速发展。从事餐饮行业的队伍迅速壮大，数以千万的餐饮企业需要越来越多的技术人才，烹饪专业的人才需求已出现供不应求的局面。因此，烹饪专业人才培养的市场越来越大，而中职烹饪专业的人才培养在从事餐饮行业的人员中，占到整体数量的一半以上，是餐饮行业人才的主要来源。近年来，根据国家对中职教育的发展意见，为提高教学质量，改进教学方法，不断推进教学改革，尽快地为社会培养更多更好的烹饪人才，有关部门出版了一系列的专业教材，为专业的发展和教学质量的提高打下了基础。

现代厨房管理是一门专业基础课，是烹饪类专业中联系基础课程与专业课程的纽带。厨房管理本身实践性很强，同时对后期专业课程有一定的指导意义。因而，本书在编写过程中十分注重理论与实践相结合。自2013年出版以来，深受职业院校烹饪专业的欢迎。为了更好地适应社会的发展和烹饪专业教学改革的需要，我们组织相关人员进行了修订编写。

在教材的修订过程中，紧贴中等职业教育实际，在内容的取舍上做到重点突出，层次分明，尽量以"现代"而又成熟的新内容替代陈旧的内容和实例，力求体现"以职业活动为导向，以职业能力为核心"的指导思想，突出职业教育特色；在结构上，针对烹饪专业活动的领域，按照模块化项目式分类，分别进行修订。在内容上，重点强调现代厨房管理新要求、现代厨房设计，尤其在人员管理、原料管理、生产管理、厨房成本控制管理、厨房设备与器皿管理、厨房卫生与安全管理等方面，融入大量的现代管理知识和餐饮行业的管理经验。本书不仅可以作为中职烹饪专业教学教材，还可作为烹饪职业技能培训、餐饮管理培训等辅助教材。

本书由江苏省徐州技师学院黄懿、烟台文化旅游职业学院李忠华担任主编；江苏省徐州技师学院杨宗亮、邳州中等专业学校钱雷和山东省城市服务技师学院王旭杰担任副主编。山东省城市服务技师学院曹成章、江苏省徐州技师学院钱峰、江苏省滨海中等专业学校吴长华、无锡旅游商贸高等职业技术学校吴晶、苏州市太湖旅游中等专业学校桑宇平、宁波市古林职业高级中学邵泽东、长垣烹饪职业技术学院高敬严、江苏省滨海中等专业学校王春亭和王南南参与了编写。

本书在修订编写过程中，得到了江苏省徐州技师学院、邳州中等专业学校相关领导的大力支持，上海海味观黄君先生提供了厨房图片用于本书的封面用图，在此表示衷心的感谢。

由于编者时间仓促、水平有限，缺点遗漏在所难免，书中缺点、不妥之处，恳请专家、同行及广大读者批评指正。

编　者

2022年3月

随着社会的发展，餐饮行业的队伍迅速壮大，社会餐饮业发展迅速，数以千万的餐饮企业需要越来越多的技术人才，烹饪专业的人才需求已出现供不应求的局面。因此，烹饪专业人才培养的市场越来越大，而中职烹饪专业的人才培养在从事餐饮行业的人员中，占到整体数量的一半以上。因此，结合餐饮行业的特点及对烹饪人才的需求，根据国家对中职教育的发展意见，为提高教学质量，改进教学方法，不断推进教学改革，尽快地为社会培养更多更好的烹饪人才，我们在借鉴以往教学经验的基础上，组织有关人员编写了本教材。

本教材紧贴中等职业教育实际，在内容的取舍上做到重点突出，层次分明，尽量以"现代"而又成熟的新内容替代陈旧的内容和实例，力求体现"以职业活动为导向，以职业能力为核心"的指导思想，突出职业教育特色；在结构上，针对烹饪专业活动的领域，按照模块化项目式分类，分别进行编写。

现代厨房管理是一门专业基础课，是烹饪类专业中联系基础课程与专业课程的纽带。厨房管理本身有其自身的特殊性，一方面它实践性很强，直接推动厨房产品的生产与品质控制；另一方面，它又可以融合到后期专业课程中。因而，本书在编写过程中十分注重理论与实践相结合。

本书内容包括现代厨房管理新要求、厨房设计布局、厨房机构设置与人力配置、厨房原料管理、厨房生产管理、厨房产品质量管理、厨房成本控制管理、厨房设备与器皿管理、厨房卫生与安全管理、厨房产品销售管理等。本书不仅可以作为中职烹饪专业教学教材，还可作为烹饪职业技能培训、餐饮管理培训等辅助用书（参考教材）。

本书由江苏省徐州技师学院张涛担任主编，徐州工程学院食品学院赵节昌、徐州技师学院钱峰担任副主编。此外，徐州技师学院唐进、刘召全和新乡职业技术学院赵纪国参与了编写工作。全书由张涛、赵节昌进行统稿。

本书在编写过程中，得到了江苏省徐州技师学院、徐州工程学院、新乡职业技术学院相关领导的大力支持，在此表示衷心的感谢。

由于编者时间仓促、水平有限，缺点遗漏在所难免，书中缺点、不妥之处，恳请专家、同行及广大读者批评指正。

编　者
2013年6月

厨房管理概述

◎ **学习目标**

1. 了解现代厨房管理理念有何转变。
2. 掌握现代厨房管理的主要任务。

◎ **学习重点**

1. 现代厨房生产与管理的演变。
2. 现代厨房生产与加工的革新。

任务 1 厨房与厨房管理

◎ **任务驱动**

1. 厨房的分类有哪些？
2. 厨房管理的理念。

◎ **知识链接**

随着经济社会的发展和人民生活水平的不断提高，我国餐饮业得到了蓬勃发展。近年来我国餐饮业市场规模持续壮大，2020年我国餐饮收入规模为39527亿元，2021年为46895亿元。餐饮业的高速发展必然带来激烈的竞争，这也是造成经营难度加大的重要原因之一。

面对激烈的竞争，餐饮企业自然希望烹调、面点技术人员不仅能做好一两道菜点，还希望他们具备协助解决经营问题的技能，具备协助决策的能力。

厨房泛指从事菜点制作的生产场所，是餐饮企业的生产部门，其经营好坏直接关系菜肴质量和餐饮成本。国外经常将厨房描述成"烹调实验室"或"食品艺术家的工作室"。餐饮企业的厨房特指以生产经营或为企业配套为目的、为服务顾客而进行菜点制作的生产场所。它必须具备一定数量的生产工作人员（有一定专业技术的厨师、厨工及相关工作人员）；生产所必需的设施和设备；必需的生产空间和场地；满足需要的烹饪原材料；适用的能源等。

厨房业务是为餐厅服务的，厨房应该以餐厅为中心来组织、调配本身的生产业务。所有的厨房工作人员都必须树立厨房工作服务于餐厅需要的观念。

一、厨房的分类

厨房是一个集合概念，就其规模、餐别、功能的不同，做如下分类。

（一）按厨房规模划分

1. 大型厨房

大型厨房是指生产规模大、能提供众多顾客同时用餐的食品生产场所。一般客房在500间、经营餐位在1500个以上的综合型饭店，大多设有大型厨房。这种大型厨房是由多个不同功能的厨房组合而成的。各厨房分工明确，协调一致，承担饭店大规模的生产出品工作。单一功能的餐馆、酒楼，其经营面积2000m²或餐位在800个以上，其厨房也多为大型厨房。这样的厨房场地开阔，大多集中设计、统一管理。经营多种风味的大型厨房，多需归类设计、细分管理、统筹经营。

2. 中型厨房

中型厨房是指能同时生产、提供300~500个餐位的厨房。中型厨房场地面积较大，大多将加工、生产与出品等集中设计，综合布局。

3. 小型厨房

小型厨房多指生产、提供200~300个餐位甚至更少餐位的场所。小型厨房多将厨房各工种、岗位集中设计、综合布局，占用场地面积相对节省，其生产的风味比较单一。

4. 超小型厨房

超小型厨房是指生产功能单一、服务能力十分有限的烹饪场所。比如在餐厅设置面对客人现场烹饪的明炉、明档，综合型饭店豪华套间或总统套间内的小厨房，商务行政楼层内的小厨房，公寓式酒店内的小厨房等。这种厨房多与其他厨房配套完成生产出品任务。这种厨房虽然小，但其设计都比较精巧、方便、美观。

（二）按餐饮风味类别划分

餐饮，根据其经营风味，从大的风格上可分为中餐、西餐等；从风味流派上进行细分，中餐又可分为川菜、苏菜、鲁菜、粤菜以及宫廷、官府、素菜等；西餐又可分为法国菜、美国菜、意大利菜等，依据生产经营风味，厨房可分为以下三类。

1. 中餐厨房

中餐厨房是生产中国不同地方、不同风味、不同风格菜肴、点心等食品的场所，如广东菜厨房、四川菜厨房、江苏菜厨房、山东菜厨房、宫廷菜厨房、素菜厨房等。

2. 西餐厨房

西餐厨房则是生产西方国家风味菜肴及点心的场所。如法国菜厨房、美国菜厨房、英国菜厨房、意大利菜厨房等。

3. 其他风味菜厨房

除了典型的中餐风味、西餐风味厨房，还有一些生产制作特定地区、民族的特殊风格菜点的场所，即其他风味厨房，如日本料理厨房、韩国烧烤厨房、泰国菜厨房等。

（三）按厨房生产功能划分

厨房生产功能，即厨房主要从事的工作或承担的任务，它是与对应营业的餐厅功能和厨房总体工作分工相吻合的。

1. 加工厨房

加工厨房是负责对各类鲜活烹饪原料进行初步加工（宰杀、去毛、洗涤等），对干货原料进行涨发，并对原料进行刀工处理和适当保藏的场所。加工厨房在国内外一些大型餐饮企业、大饭店中又被称为主厨房，负责餐饮企业内各烹调厨房所需烹饪原料的加工；在特大型餐饮企业或连锁集团餐饮企业里，加工厨房有时又被切配中心取代，其工作性质和生产功能仍基本相同。由于加工厨房每天的工作量较大，进出货物较多，垃圾和用水量也较多，因而许多餐饮企业都将其设置在建筑物的底层或出入便利、易于排污和较为隐蔽的地方。

2. 宴会厨房

宴会厨房是指为宴会厅服务、主要生产烹制宴会菜肴的场所。大多餐饮企业为保证宴会规格和档次，专门设置此类厨房。设有多功能厅的餐饮企业，宴会厨房大多同时负责各类大、小宴会厅和多功能厅开餐的烹饪出品工作。

3. 零点厨房

零点厨房是专门用于生产烹制客人临时、零散点用菜点的场所，即该厨房对应的餐厅为零点餐厅。零点餐厅是给客人自行选择、点食的餐厅，故列入菜单经营的菜点品种较多，厨房准备工作量大，开餐期间工作也很繁杂。这种厨房多设有足够的设备和场地，以方便制作和及时出品。

4. 冷菜厨房

冷菜厨房又称冷菜间，是加工制作、出品冷菜的场所。冷菜制作程序与热菜不同，一般多为先加工烹制，再切配装盘，故冷菜间的设计在卫生和整个工作环境温度等方面有更加严格的要求。冷菜厨房还可分为冷菜烹调制作厨房（如加工卤水、烧烤或腌制、烫拌冷菜等）和冷菜装盘出品厨房，后者主要用于成品冷菜的装盘与出菜。

5. 面点厨房

面点厨房是加工制作面食、点心及饭粥类食品的场所，中餐又称其为点心间，西餐多称包饼房。由于其生产用料的特殊性，制作工艺与菜肴制作有明显不同，故又将面点生产称为白案，菜肴生产称为红案。各餐饮企业分工不同，面点厨房生产任务也不尽一致。有的面点厨房还承担甜品和巧克力小饼等制作。

6. 咖啡厅厨房

咖啡厅厨房是负责生产制作咖啡厅供应菜肴的场所。咖啡厅相对于扒房等高档西餐厅，实则为西餐快餐或简餐餐厅。咖啡厅经营的品种多为普通菜肴，甚至包括小吃和饮品。因此，咖啡厅厨房设备配备相对较齐，生产出品快捷。也正因为有此特点，许多综合型饭店将咖啡厅作为饭店内每天经营时间最长的餐厅，咖啡厅厨房也就成了生产出品时间最长的厨房。有的咖啡厅厨房还兼备房内用餐食品的制作出品功能。

7. 烧烤厨房

烧烤厨房是专门用于加工制作烧烤类菜肴的场所。烧烤菜肴如烤乳猪、叉烧、烤鸭等，由于加工制作工艺、时间与热菜、普通冷菜程序、时间和成品特点不同，故需要配备专门的制作间。烧烤厨房一般室内温度较高，工作条件较艰苦，其成品多转交冷菜明档或冷菜装盘间出品。

8. 快餐厨房

快餐厨房是加工制作快餐食品的场所。快餐食品是相对于餐厅经营的正餐或宴会大餐食品而言的。快餐厨房大多配备炒炉、油炸锅等便于快速烹调出品的设备，其成品较简单、经济，生产流程的畅达和生产节奏的快捷是其显著特征。

二、厨房生产方式的演变

现在是传统手工烹饪与现代工业烹饪并存的时期。这种状况将会持久地延续下去。现今的手工烹饪仍然存在，仍在发展。但随着社会经济的不断发展，纯粹地依赖于手工操作已越来越显示出许多不足之处，特别是在大工业生产中更加突出。所以，饭店菜品的生产将随着生产力的发展，逐渐向半机械、机械甚至自动化机械生产方向发展。现代烹饪除部分手工烹饪以外，将在原有手工烹饪的基础上向工厂化的食品生产加工方向变化，即由手工操作变为机械生产，由加工一道菜、一种点心变为生产上百上千甚至上万成批的菜点，由厨房单个加工变为工厂的车间。

随着生产或加工食物的方式方法的变化，烹饪的社会性日益增强，人们对饮食营养保健和审美要求日益提高。科学技术和生产力的发展，使食品机械加工大量地走进了现代厨房，在传统手工操作的基础上，半机械、机械和自动化机械生产成为当今厨房生产、加工的主要特色。烹饪机器是从手工烹饪脱胎而来且与手工烹饪加工并无根本区别，但由于加工方式上的变化、生产数量上的变化以及加工场所上的变化，其生产方式具有规模化、规范化、标准化等优势，既减轻手工烹饪繁重的体力劳动，又使大批量的食品品质更加稳定，并能适应人们快节奏的生活需要，节约时间、带来方便。因此，从事厨房管理的人士，也应当关心现代烹饪的发展，并大力提倡现代设施设备在烹饪操作过程当中的合理运用。

三、厨房管理的概念

厨房管理说起来非常简单，无非就是"管人理事"，人管好了，事情就能理清弄顺。因此，管理的要点首先应以人为对象。但是，在我们现行的管理中，几乎全习惯于对事的注意。所以，制定各种各样的规章、制度并一切照所谓"规矩"办事，却忽视厨德的教育、员工的思想素质提升、亲情管理的导入，从而导致工作效率低下、产品质量不稳、浪费现象严重、创新欲望不强、同行相轻盛行、行政管理阳奉阴违。因此，真正有效的、正确的管理，应首先注重厨房员工，尤其是师傅们的思想培训、人性化理念培训、职业素养培训和大局意识培训，解决了问题，我们才可能依法行事，照章办事并尽职尽责。

管理是依据事物发展的客观规律，通过综合运用人力资源和其他资源，以有效地实现目标的过程。厨房管理则是在满足顾客需要的目标情况下，对厨房的人员安排、原料的采购加工、设备以及环境卫生、生产流程、产品的质量和创新、制度计划的执行与考核等，实行的有效管理。

餐饮业期望着具有这样能力的高技能人才。几乎所有餐饮企业现在都认为，缺乏高技能人才是制约发展的重要因素。目前我国餐饮业产业化程度不高，生产工具简单，技术比较落后，市场竞争力强。这与厨房管理水平较低有着密切的关系。

目前我国餐饮企业的厨师长、行政总厨大多数是从厨师岗位上成长起来的，习惯于经验型管理，缺乏现代厨房管理理念，不擅长运用现代优化管理知识和先进管理技术。因此，难以形成标准化、规范化的厨房管理体系，一定程度上制约了我国餐饮业的发展。众所周知，有特色、有营养、高质量的菜色是酒店餐厅成功的法宝，保障好出品的质量、口味和营养是餐饮企业市场生存的重中之重。就全国范围来说，出色的、知识全面的、懂得管理的"大厨"还不是太多。谁的技术好，谁就是厨师长是我们常见的厨房人事安排，其带来的后果往往严重影响着餐厅的效益和存亡。厨房的政务十分复杂，人员较为庞大，稍有不妥，浪费、混乱、埋怨、斗气的现象就会出现。管理厨政，技术好当然可贵，但品行高、有威望、善组织、勤思考、会安排、敢于吸收新鲜事物、讲计划、积极执行上级交给的各项任务的人更重要。

十个厨师开店可能有九个失败，这种现象恰好证明了技术不等于管理也不等于经营的道理。因此，如何让技术好的厨师置身于组织、计划、执行能力强的领导之下，才是以人为本的管理原则和要点。

厨房好比酒店餐厅的"心脏"，一切的工作都围绕着它展开，而整个酒店的经营成功与否取决于三点：菜肴有特色、营销策划、内部管理。要使得这三点相得益彰，就必须在酒店厨房中建立有效完整的管理体系。

目前，餐饮市场环境比较混乱，体现为餐饮模式多样、行业平均薪酬水平低、从业人员缺乏培训机会、管理人员缺乏专业管理知识。一般来说，一个中型餐饮企业至少一二百人，这些从业人员素质普遍不高，他们的岗位分工不明确，上下级之间缺乏信任，再加上不科学的管理模式，很容易为其经营埋下隐患。中型餐饮企业尚且如此，妥善管理好大型酒店的中式餐厅，难度更是可想而知。作为管理者，要意识到餐厅的管理体系要同酒店发展的实际相结合，既要分析好现有的基础，有效利用酒店现有的条件，也要考虑酒店的客观限制因素，建立一套完整的管理体系。管理体系的建立并非一劳永逸，要不断创新，持续推进，才能在不断变化的市场环境中保持竞争的优势。

四、现代厨房管理的主要任务

餐饮生产要获得成功，良好的管理是主要任务。优质的餐饮产品生产，不仅仅是凭借优质的烹饪原料和高超的烹饪技艺，因为这只是做好生产的基本要素；只有科学的管理才是餐饮生产获得成功的保证，才能使餐饮得以高效、顺利地运转。

（一）运用科学管理方法，加强厨房生产与运转管理

厨房管理应围绕饭店、餐饮企业的总体管理思路，与整个企业步调一致。运用科学管理的方法，在厨房生产中，向标准化、规范化的操作方向发展，并做到管理制度化，提倡任人唯贤、奖勤罚懒的原则。

在饭店厨房的运行管理中，将企业的软件、硬件进行有机的组合搭配，随时协调、检查、控制、督导厨房生产全过程，保证企业各项工作规范和工作标准得以贯彻执行。

（二）建立健全岗位责任制，充分调动员工的积极性

健全各项规章制度是厨房管理成败的根本保证。企业所制定的各项规章制度必须是切实可行的，可以使每一个岗位的生产人员明确自己的职责和具体的任务，以保证各项工作按标准、按程序、按规格进行。

运用人性化管理，配合经济、法律、行政等各种手段和方式，激发员工的工作热情，充分调动员工的工作积极性，是厨房管理的重要任务。员工积极性调动起来了，工作效率就可以提高了，产品的质量就更加有保障；关心集体、爱岗敬业，对技术精益求精的风尚和精神就可能形成并发扬光大。相反，则为厨房的生产和管理留下种种隐患，企业的发展和进步就变得举步维艰。

（三）合理组织人力，设立高效的生产运转系统

合理组织人力，也就是说要量才使用，人尽其才，充分挖掘潜力，调动员工的工作积极性。岗位职责要分明，发挥厨房管理者的作用，各司其职，鼓励和帮助员工发挥特长，以提高菜点和服务的质量。厨房生产管理要为整个餐饮部门设立一个科学的、精练的、确有成效

的生产运转系统。这既包括人员的配备、组织管理层次的设置、信息的传递、质量的监控等，软件方面要经济、优质和快捷，同时还包括厨房生产流程、加工制作及出品要省时、便利，并维持较高的规格水准。

（四）满足顾客需求，保障菜品的出品质量

厨房在生产运作中，必须对其供应的菜点提供品质保障。从厨房管理的内容来说，提供能满足顾客所需要的优质菜点是企业管理最基本的任务，也是最重要的任务之一。要想满足顾客饮食需要，首先要及时掌握客情，做好市场需求调查、资料的收集和分析。掌握不同国家、不同地区、不同民族、不同信仰、不同职业、不同年龄和性别、不同经济收入水平的客人饮食需要，有针对性地设计菜单和制作菜点，这将能收到事半功倍的效果。菜点品质是指提供给客人的菜点应该安全、卫生、营养、芳香可口且易于消化；菜点的色、香、味、形俱全；菜点的温度、质地适口，客人用餐后能得到满足。菜点出品品质是企业的生命力，菜点品质的高低好坏，直接反映了厨房生产水平和厨师的技术水平高低，还将影响到企业的声誉和形象。因而，厨房管理的重点是要对厨房生产进行严格的质量控制，建立一套完整的菜点品质标准，为菜点生产提供足够的品质保障。与此同时，应根据本地区的土特产原料、本厨房的技术力量和厨房设备、本地区风味特点努力发展企业自身的优势，不断改进生产流程，提高烹饪技艺，在烹饪技艺和风味特色上下功夫，形成品质优良并富有一定特色的饮食风格，以此来吸引顾客，提高企业的知名度。

（五）利用厨房空间，科学设计布局厨房

厨房不同于饭店的其他部门，它是生产食品的地方。许多设计规划人员因不懂得厨房操作的具体情况，在规划设计中常常给厨房生产带来许多麻烦。另外，因建筑设计的需要，许多厨房的形状、面积都有许多差异，因此，根据本企业的具体经营情况和风味特点的需要，厨房人员有必要对现有场所进行必要的布局和设计安排。

充分运用厨房的现有空间去设计、布局，也是厨房工作人员的分内之事。厨房设计布局科学合理，则为正常的厨房加工生产带来很大便利，从而可节省一定的人力和物力，为厨房生产的出品质量也起到了一定的保障作用；反之，不仅增大设备投资，浪费人力、物力，而且还为厨房的卫生、安全以及出品的速度和质量留下事故隐患和诸多不便。因此，厨房管理者应积极参与，提出设计方案，为厨房生产创造良好的工作环境。

（六）有效控制厨房生产成本

任何一家饭店、餐饮企业的管理者都应依照企业成本核算和成本控制制度，从各个环节把关，最大限度地为企业降低消耗，提高效率。

成本的高低直接影响到企业菜点的定价。厨房菜品价格的高低，也直接关系到顾客的消

费利益。价格优势又是餐饮企业确立竞争优势的一个非常重要的因素。它直接关系到企业的生存与危机，这也是上级管理者最为关切的问题。

要控制好成本，必须在菜点的生产过程中，坚持标准化、规格化生产，严格按标准菜谱的要求进行操作。厨房生产的成本控制应从多方面着手来抓。首先，要进行菜单的定价控制和原材料的控制（采购、验收、保管、领料、发放）；其次，要狠抓烹饪生产流程的控制（加工、切配、烹调、装盘）；最后，要控制菜点的成品销售环节。只有层层控制，才能控制菜点的质量和数量，保证菜点生产的获利。

另外，还必须建立和健全菜点质量分析档案，开展经营活动分析，发现问题，及时采取措施予以处理。只有这样，才能在保证菜点质量的前提下，减少消耗，降低成本，增强企业的竞争能力。

（七）加强人员技术培训，不断研发新工艺、新菜品

过去行业流行这样一句话："师傅领进门，造化靠个人"。这种厨艺摸索的时间太长，如何缩短员工的摸索期，使他们更快地熟练掌握操作技能，靠培训才能不断提高员工的操作技能和观念思路。

通过培训来传达新的餐饮信息，使他们知道，现在流行什么，应该怎样去做。只有这样，才能保证厨师技能不断提高，保证足够的竞争力。在加强培训的同时还应该注意激发员工的创造力，发挥厨房人员的工作积极性和创造性，不断推陈出新。这样既达到了培训的目的，同时也不断给客人带来新菜式的享受，从而保证了客源，保证了企业的营业额。

但是，企业培训一定要克服"近亲繁殖"带来的弊端，要从有利于企业的长远发展考虑，开阔厨师的视野，提高他们的职业素养，加强和完善他们为企业工作的业务能力，培养他们爱岗、爱企业的责任心，使他们在企业中有归属感和成就感。

现代餐饮经营管理的一个不可忽视的问题，就是要求对餐饮产品的不断更新。这是现代餐饮市场竞争的结果，也是所有餐饮工作者日常工作中的一项基本内容。作为管理者，首先要带头执行并订立菜品研发制度，做到制度在先，或定期召开创新菜碰头会，及时发掘广大烹调师的聪明才智和制度灵感。

菜品创新也是现代饭店、餐饮企业竞争、获取利润的一个重要砝码。菜品的研发必须根据企业的具体情况，依据企业的战略开发规划，根据餐厅菜点经营状况和市场客户调查，定期完成菜点开发责任指标，不断地改进并提高产品形象，经常给顾客提供新颖、新鲜和美味的菜点，以吸引新老客户，特别是回头客。

（八）努力完成企业规划的各项任务指标

厨房管理在厨师长的带领下，能够积极地为企业的大政方针共同出谋划策，在企业从事工作的所有人员，通过培训能够更深的领悟本企业经营宗旨、经营指标、菜品风格和菜品创

新的思路，能够更好地建立起对企业的忠诚，发扬光大本企业的精神和文化。厨房、餐厅作为饭店、餐饮企业的一个重要组成部分，理应承担企业下达和规定的有关任务和指标，以保证企业整体计划的实现。

厨房是饭店、餐饮企业唯一的食物产品生产部门，企业为创造自身形象，维护消费者利益，扩大餐饮收益，自然要为其规定一定的任务及考核指标。如完成企业规定的营业创收指标；实现企业规定的毛利及净利指标；达到企业规定的成本控制指标；符合企业及卫生防疫部门规定的卫生指标；达到企业规定的菜点质量指标；完成企业规定的菜品创新、促销活动指标；完成企业规定的人员培训及发展指标等。

任务 2 厨房管理现状

◎ 任务驱动

1. 厨房管理现状分析。
2. 现代厨房管理的理念有何转变？

◎ 知识链接

在市场激烈竞争的大趋势下，要想在餐饮经营中获得较好的利润，必须摒弃原有的陈旧观念，真正从实际出发，结合自身的特点，不断改进和完善服务质量，真正脚踏实地的"用心"去管理，才能取得良好的收益。

一、"包厨制"管理现象分析

"包厨"，实际上是一种厨房工资总承包。它是指餐饮企业、业主或投资者将厨房承包给一个厨师群体的负责人，由承包人招聘厨房工作人员（厨师），安排厨房工作，负责厨房管理，并根据工作内容、工作需要和双方议定的其他项目，拟定承包合同，确定厨房工资总额和取酬方式，由承包人统一发放和支配的方法。

"包厨"，有点类似于国外的"委托经营"，只是负责后场，而不管前台的接待经营。这对于许多不懂行的投资者来说，有其一定的道理，他们对餐饮业的运作及其规律比较难把握，索性就将厨房承包给厨师，由承包人全权负责厨房的生产与管理，投资者对厨房事务一点不过问，或很少过问。对于厨房出现和发生的问题，主要是找承包人。"包厨"的方式一般有工资承包和利润承包两种形式。对于业主来说，"包厨制"有其利也有其弊端。

1. 利在省事：既经营赚钱又省去麻烦

在"包厨"模式中，饭店或餐馆厨房以工资承包形式委托专业人员管理，既明确了责任，又省去了许多管理上的麻烦，如岗位设置、人员招聘、工资计算、菜品质量控制等，老板或业主可以把精力集中于经营管理的其他方面，从而达到优势互补、人才优化组合的作用；另一方面，企业在一定程度上将经营风险进行了内部转移，并以此激励整个厨师班子的团队精神和工作积极性发挥，从而在提高企业效益的同时增加厨房承包人的收入，使其在内部管理、新菜品开发上投入更大的精力，形成良性循环。在不少企业，承包人与业主由原先的雇佣关系成功地转变为共同利益奋斗的合作伙伴。

2. 弊在短期行为：既管理薄弱又难以默契

（1）良莠不齐人难选　近年来，"包厨"之风盛行，特别是一些社会酒楼都热衷于此法。在餐饮业，广大的年轻厨师也在想方设法地去寻找一个个业主、攻克一个个堡垒。对于承包人，不是什么人都能去包厨房，假如没有一点管理知识，不懂得去迎合客人、开发菜品，又怎能把厨房管理好。特别是一些厨艺不精、从厨时间不长的厨师也纷纷加入这个行列，这些人员本身对厨艺和厨房知识及成本控制等都不甚了解，更谈不上管理经验了。如果厨师队伍配备再不精良，恐怕菜品质量难以保证，而且，这种鱼龙混杂的现象，也让许多企业老板在选择承包人时头痛不已。

（2）短视效益求眼前　"包厨制"往往时间较短，很难做长。许多承包人一年要换很多地方，短则一周、半个月，长则一两年。时间短，对双方都是不利的，但"包厨"也只能如此，这也是无奈之举。因为时间一长，菜品变化较慢，业主自然不满意。与此，这就会促使有些"包厨者"将眼光聚焦在短期利益上，对急功近利的事情感兴趣，而对从设备保养到团队建设等关乎长期发展的问题不甚关心。"包厨"的临时观念没有把厨师和企业的利益长期地、全面地"捆绑"在一起，主、雇双方只能以临时观念相维系。

在"包厨"的过程当中，许多承包人同时承包了几个厨房，加之厨师的去留方便、调换频率加快，也造成了菜点质量的不稳定。有时，厨房的厨师班子会出现频繁更换的现象，而且承包人没有长远的规划。承包人包厨的目的是利用雇用的厨师赚钱而不可能从长计议。

（3）人才流动太频繁　在餐饮业飞快发展的背后，行业人员流动过于频繁，从业人员素质、服务质量参差不齐，这是目前存在于餐饮行业中的现象和问题，成为制约我国餐饮业做大做强、打造知名品牌的羁绊因素。"包厨制"是造成不必要人员流动的主要原因。人员来去自由，企业管理者、老板甚至包括包厨人也难以控制人员流动。厨师"跳槽"流动很多都是为了寻求更好的发展，但在这频繁变动的背后，也包含了一些被动和无奈的因素，显现出一些企业、餐馆在经营中追求短期效益，管理有待完善的状况。

人员流动的原因是多方面的，由于是包厨制，造成一定程度上的薪资不公，普通厨师由于薪资不多，不高兴时，一走了之。另外，员工的工作规范、行为规范不是靠制度去约束，而是靠关系是否到位。这样就很容易带来一些矛盾，造成不必要的人员流动。在老板与包厨者之间，也常常会出现一些矛盾。当双方正式开始合作时，还算比较好处，有的合作后就不像协商和试用期那样成功；或者开始时合作得很好，而包厨者居功，向老板提出更高的薪资要求，餐馆达不到，菜品质量出现滑坡，相持一段时间后，双方不欢而散。最终给餐饮经营带来了许多弊端。这也是人员流动的主要原因。

（4）缺乏制度管理混乱　管理较为混乱是一些"包厨"企业的主要根源，特别是一些不正规的游兵散将，往往是几个人凑到一起，他们只重视菜品方面，而忽略了生产管理对菜点质量的影响和控制，生产中缺乏详细的计划和严密的组织，对出现的问题不能及时、周全地加以解决。在厨房管理中，没有一整套的规章制度和工作职责，对生产流程、卫生管理也不到位，还有一些没有经过专门训练和培训的厨师，对食品卫生、安全以及营养方面漠不关心，使得厨房内部管理出现种种问题。

许多承包人对自己的人员和承包后的经营效果也没有十分的把握，投资人与承包人之间的诚信都是暂时的。厨房是企业的一个局部，"包厨者"往往考虑的是局部利益，而不是企业的整体利益，这就是"包厨者"与企业其他部门负责人甚至老板产生矛盾的根本原因。况且，在"包厨制"的厨房运作中，大多数承包人不会静下心来，也没有能力研究厨房管理问题、拟订管理制度、建立管理模式。

3. 委托管理正在盛行

"包厨制"的利与弊是显而易见的。许多业内人士指出，要做到包厨成功，需要企业对厨师长及厨房其他人员进行详细的考查，考核他们的工作能力，并调查他们以前的工作情况，是不是有敬业精神。选定以后，要慎签合同，合同条款尽量做到严密，并在经营过程中严加管理。否则，很难经营成功。另外，还需要地方行业协会主动为行业服务，订立一些规章制度，让双方有一定的约束，或者双方在被对方辞退时，提前10天或半个月通知，使人们提早考虑安排事宜，这对双方都是有好处的。

随着委托管理在我国饭店业不断扩展，近几年来，委托管理在我国餐饮业也逐渐流行起来。它是通过合同约定的方式取得企业的经营管理权，运用法律约束的手段，明确委托人和受托人之间的义务、权利及责任，使合同约定双方当事人的权益得到保护和落实。对于企业管理者来说，委托管理比特许经营具有更多的好处，受托人比转让者享有更大的权力，因而更少受到外界消极的干扰和影响，更易发挥出技术专长和集约组合的影响力，更有助于追求和实现最优化的管理效益和经济效益。这对于较大型的餐饮企业、饭店业来说，是比较适宜的。中小型的餐馆可以找职业素质较好的职业经理人、职业厨师长来进行管理。

委托管理的方法可以弥补"包厨制"的许多不足。因为一个好的餐饮企业，必须有好的业主、好的厨师队伍，才可能有好的生意，三者缺一不可，只有这样才能造就一个成功的餐饮企业。在市场经济的环境下，管理到位，合作愉快，企业才有生命力。

餐饮的委托经营管理在国外也是一种普遍的社会现象（这种委托经营是它不仅负责后场，而且负责整个餐饮的经营），对于运营不佳或无餐饮经营能力的较大规模的饭店是一种较可行的方法。一些饭店企业或一些私营业主都可选择走委托管理之路。大的企业可雇佣品牌餐饮经营管理公司来管理和经营，力图最大限度地降低成本；中小企业和私营业主可以选择一些口碑较好的、技术力量较雄厚的、有营利性的中小型公司或知名的大师来管理，委托经营管理需要找有实力的合作伙伴，这种合作通过双方订立合同并要有法律依据，使管理者和企业利益长期的、全面的捆绑在一起，做到管理规范化、制度规范化，最终取得真正意义上的"双赢"效果。

许多规模较小的、缺乏独立性的餐馆，在很大程度上都依赖于受聘经理或厨师长的知识和工作状况。只要请来的经理或厨师长能像老板那样地兢兢业业，甚至做出个人牺牲，那么，餐馆一样会取得成功，可至于经营状况会有多好，在很大程度上还取决于业主给予他们的奖赏和激励机制。

近几年来，大酒店、小餐馆的相互叫板，全国各地小餐馆包围大酒店的现象频频发生，致使不少大酒店餐饮经营步履艰难，全国很多酒店的餐饮处于微利经营之中。除了酒店的经营方针以及前台人员的服务意识之外，厨房内部的运作管理也至关重要。现代餐饮经营管理必须从厨房内部管理抓起，可利用现代经营管理思维，从关键的几方面着手做起。

当今社会，人们在酒店管理得失、餐饮竞争强弱中，已不知不觉地把目光投向了厨房这块阵地，从各地区酒店的运作来说，厨房每天进出的都是成本和费用，稍有不慎，就造成利润的浮动。对于酒店决策者来说，聘请一名合格的厨师长，也就成了工作的重点。厨师长也自然成了酒店的一个中心人物。

二、厨房管理者

中国人口多，自然酒店、餐馆多，厨师也多。全国各地的烹饪学校和厨师培训班很多，加上我国每家每户都有烹调能手。但就全国范围来说，出色的、知识全面的、懂管理的"大厨"还是不多见的，很多企业、大酒店常常为找不到满意的厨房管理者而发愁。作为厨房管理者，主要是厨师长，技术应较高，个人素质是至关重要的。厨师长技术应尽量全面，否则就很难去管理一群技术人员。另外，厨房管理者要勤于思考，要敢于吸收新鲜事物，并在上级的指令下，积极执行上级交给的各项任务。

1. 有效地指导和出色地管理

作为一名厨房管理者，工作的重点在于管理，应做到有效地指导和出色地管理。在许多饭店，有些人技术水平较高，但他们不愿意将技术传授给其他人，这样，企业的整体水平得不到提高，同样，也得不到下级的信任。这种自私的工作方法，很难有出色的工作业绩，还容易在厨房内部形成小团体，上级指令很难保质保量地执行。

厨房管理者的一个重要工作就是要把饭店经营者的意图传达到员工下面，不仅如此，还要做好各部门之间的协调，这就需要做好内部的管理和协调工作，就要看厨师长的指导和管理水平。

厨房管理是一个完善的组织，要使内部畅通无阻就要像行驶中的汽车一样，各机件性能良好，就要做到最基本的上通下达、互相协调。厨师长在厨房中最重要的工作不是每天烧几个拿手菜，而是像"润滑油"，靠他的努力和智慧，使每个环节咬合紧密，毫无滞碍。如果厨房中出现了问题，厨师长要做的不是把员工和某一主管训斥一顿，而是要尽心尽职了解情况，然后尽自己的力量为其"扫清道路""排忧解难"，以使他的正确管理方式得以推行。

厨房的技术人员较多，对于能力强弱的人若待遇一样，就是不平等的。对企业有贡献的人，与没有贡献的人要拉大差距，单纯注重工龄、学历都是不可取的。在注重能力方面，要大胆提拔能干的人，要排除个人的感情色彩。厨房管理者要有销售意识，并指导全体厨房员工学会销售，要增加营业收入，就必须提供优质服务，菜品的口味要好，价格要适宜，厨房人员不仅仅如此，更要有推销意识，也可以到客人中介绍菜品，解答问题，争取回头客。

2. 不应忽视采购、验收与储存环节

从最基本的层面上看，采购是非常重要的，因为餐饮经营必须购买食品、饮料和其他辅料以便生产和出售食品、饮料产品。但这并不是采购重要的唯一原因。采购过程运行的好坏将影响到资金的使用或流失。例如，如果采购的物品太少，出现库存短缺，销售额将减少，顾客会失望，如果采购的物品太多，资金将沉淀在不必要的存货上，不能满足其他用途。

采购的重要性可以简单地概括为一句话：采购直接影响成本底线。有效地采购节省下来的每一元钱将意味着为企业增加一元的利润。只有最可行的采购计划才能帮助餐饮管理人员赢得最佳经济效益。

货物采购、验收以后，必须储存起来。在大部分企业里，储存不过是将货物放到存储间，并采取"开发政策"，允许员工随时来取货，这并不是上策。储存程序必须重视三个问题：安全、质量、登记。如果在存储期间无法确保产品质量，那么所做的采购详细说明书以及验货程序都将是徒劳。

3. 严格进行成本控制和管理

成本控制是厨房工作的一个中心。这不仅仅是厨师长一个人的事情，也需要大家的共同努力。饭店的各种费用都应让员工知道。每个岗位的人员都要有成本意识，这就需要大家一起来控制成本和费用。厨房管理者要动员所有员工都来节约动力燃料费，使费用控制在最低点。

食品原材料是制作菜品的关键之一。厨房管理者都认为第一手进货最重要：在原料采购中，必须取得优质的材料，进货时要多方比较，价格要低。工作中要减少不必要的浪费，采购原料的多少也是一个关键的问题。饭店确定好成本率，厨师长有义务控制好成本率，最起码不突破这个成本率。

4. 要有对餐饮市场的敏感力

准确及时地把握客人的需要，了解市场信息。厨师长要把握好这个变化，根据变化，要改变装盘及研制一些新的菜品。厨师长要有对时事的敏感性，嗅觉要灵敏，发现新东西要主动出击和了解；要及时地了解市场信息，把握客人的需求动向，绝不能对新事物漠不关心，所以，厨师长感情要充沛些，想象要丰富些，对饮食健康方面应更多地留意才行。

餐厅经营要"从顾客的角度审视经营"。餐饮经理和厨师长应始终关注顾客，虽然这一点相对来说容易理解，但有时也会发生忽视顾客的现象，因为其他管理问题会对此产生一些干扰，诸如："价格问题""员工的不满情绪""经营者的兴趣"等。

菜品的营养需求越来越引起人们的广泛关注，现在再也不能不考虑饮食营养问题了。日本人饮食中糖分、盐分食用较少，不同年龄人口味需要也不同。随着生活水平的提高，人们对饮食的要求就更高了。在日本，菜单上都标明每个菜的热量，并注意烹调器具的卫生。这也是值得我们去学习和借鉴的。

5. 广泛应用计算机等现代管理技术和手段

在西方发达国家，计算机已广泛应用于餐饮管理之中。如利用菜单管理软件以回答问题的方式帮助管理人员设计菜单、为菜单定价、评估菜单。餐饮服务计算机系统可以提供及时的信息，管理人员可运用这些信息有效地制定计划，提供高效的服务，收集经营结果。

应用食谱管理软件是餐饮经营较好的方法。目前，国外许多餐馆、饭店都使用电脑食谱，鼠标一点，各类食谱尽显眼前。食谱管理软件中包含两个最重要的文档，这两个文档都用于餐饮服务电脑配料系统：一个是配料文档，另一个是标准食谱文档。许多其他类型的管理软件必须能够共享这些文档中的数据，这样可为管理人员提供特别的报告。

未来技术的发展将给餐饮管理中的采购、验收、存货、发放管理控制带来众多令人振奋的方法。应用计算机网络已经成为一些餐饮经理和厨房管理人员主要的经营手段。他们越来越多地应用网络进行业务交易，电子商务带来的影响已经极大地改变了餐饮服务业的经营方式。

采购活动只是一个例子而已。餐饮服务企业可以通过电子链接与供应商共享产品信息、采购说明书以及价格等方面的信息，这种信息是一般的印刷品（或者面对面与持有过期资料的供应商代表交谈）所无法提供的。另外，网络采购可使供应商为可选择的客户定做产品，并且可以极大地缩短餐饮服务企业寻找货源的时间。这些努力可降低流水线式的经营成本，如存货、清点、验收等。

6. 要控制好"盈利点"

厨房管好，就是要增加利润。必须把"盈利点"的活动牢牢控制在手中。"盈利点"是指经营中的某一方面，如果处理得好，则可以增加利润，如果处理得不好，则利润将会减少。一般而言，在餐饮经营中，有九大"盈利点"：菜单的设计、采购活动、货物的接收、货物的储藏、原料的使用、烹饪准备、烹饪、服务、收银。

菜单是整个餐饮的中心枢纽，其他所有活动都围绕它而开展，因此认真设计菜单对于餐饮经营而言至关重要。菜单上的每道菜应交叉使用原料，以便将库存减至最低。

在设计菜单时，厨师长必须做到不仅要考虑顾客至上，也要考虑餐饮经营的财务目标。当餐饮产品的标准成本确立以后，管理人员可以知道制作每一道菜所应支出的成本。管理人员了解到标准食谱能够制作出标准份额的具体数量时，就可以减少备料过多或过少的情况。

7. 狠抓餐饮食品制作质量

食品制作质量，即始终如一地按照标准提供产品是经常要注意的问题。制定质量以后，必须进行监督和评估以确保质量符合标准，员工则要接受培训以便执行这些质量标准程序。质量标准必须通过标准食谱、采购说明书和适当的工具与设备贯穿于食品的生产过程之中。

食品的烹制质量必须遵循一些基本原则。这些原则主要包括下述方面。

（1）从保证食材质量做起（但并不一定需要昂贵的食材）。

（2）确保食品卫生。

（3）确保对食材的适当处理。

（4）使用时令食材。

（5）使用正确的烹制方法和设备。

（6）执行标准食谱。

（7）烹制的食品不要超过所需的数量。

（8）烹制好后立即上菜。

（9）提供的热菜要热，冷菜要冷。

（10）确保每一种食品外观有特色。

（11）追求完美，永不满足，力争精益求精。

三、现代厨房管理

1. 守住承诺，让顾客满意

让顾客满意，是企业提高竞争能力、增强长期获利能力的重要法宝。据国外一项研究表明，餐饮企业80%的销售额来自20%的忠诚顾客，争取一个新顾客的成本是保持一个老顾客的成本的4~6倍。因此，顾客满意战略的要旨，就是通过向顾客提供超预期的产品和服务，使顾客获得最大限度的满意，提高顾客的忠诚度，培植企业的长期性忠诚顾客。餐饮业是典型的传统服务业，它为顾客提供的不只是果腹、饱肚的食品饮料，而且还有愉快的用餐经历和体验。愉快的用餐经历是通过美味佳肴、舒适的进餐环境以及优良的服务来综合创造的。

当今的餐饮市场，在价格大战之后，商家已无"价"可让，于是便在售后服务上把文章做足。然而，美言还需善行，至优至精的许诺当以至诚为先。做生意讲信用，是一个最基本的条件。它不但是生意能够做成的前提，还是提高顾客忠诚度、扩大市场份额、稳固地占有市场的重要武器。这是现代餐饮市场消除"诚信危机"的最好的方法。

在我国餐饮市场不断变化的情况之下，世界企业经营战略也发生着深刻的变化，在欧美企业界已开始流行"亲友意识"。要求对顾客服务就像为亲戚朋友做事一样，做到说话算数，一切都让他满意。为了信任和忠诚，甚至不惜牺牲自己的利益。推崇"亲友意识"，受惠最大的固然是顾客，但对于企业自身来讲同样受益增效。有典型调查表明：一个满意的顾客会引发几笔潜在生意，其中至少有一笔成交；而一个不满意的顾客，则会影响25个人的购买意愿。

人无信不立，商无信不发。现代市场经济是建立在人与人之间高度信任的基础上的。新一代优秀企业家信奉"信誉第一"。企业可信度是宝贵的无形资产，是生存发展的重要条件。言而无信可能会得逞于一时，但不可避免要付出惨重代价，甚至在市场上失去立足之地。因无德失信而元气大伤，甚至破产倒闭的事例和个案屡见不鲜。

2. 了解顾客的需要

厨房是餐饮经营的生产中心。它的功能是将各类烹饪原料经过加工、处理后，烹制成一道道各具特色的菜点供应给顾客，并以此实现利润。从实际经营来说，厨房是以生产为主，但这种生产不是盲目的生产制作，特别是在当今的餐饮经营中，厨房生产一定要面向市场、面向顾客，特别是厨房管理者更要主动了解市场行情、了解顾客的需求，否则，餐饮经营就很难达到预计的效果。

现代餐饮市场的不断发展，各种餐饮场所应运而生。对于厨房管理者来说，想方设法识别顾客并了解不同顾客的需要是经营工作的一个中心。在经营中，顾客的定位方法对于任何在竞争环境中寻求成功的企业来说都是极为重要的。

顾客都是有差异的，他们经常情感地而非理智地采取就餐行动。他们会根据自己的收入、喜好而采取不同的就餐取向。在现实生活中，人有多种多样的需要，顾客的就餐心理有着极其复杂、极其微妙的心理活动，包括顾客对菜品的风味、特色、价格等问题以及购买欲望等。

顾客根据自己的需要，到餐饮场所用餐，在这一行为中，他们会有许多想法，驱使自己采取不同的态度，因此，我们对顾客的心理必须高度的重视。

（1）求实心理　这是消费者普遍存在的心理动机。顾客到餐厅用餐时，首先要求菜品不仅味美，更重要的是价格实惠，具有较高的食用价值（实用价值）。花不多的钱能够品尝到丰富而实惠的菜肴。这是我国广大消费者的共同心愿，许多面向工薪阶层的"家常菜馆""乡土餐厅""百姓人家饭店""大排档""美味火锅店"等正是满足了绝大多数普通百姓、工薪家庭的就餐需要，因而，许多场所生意兴隆，顾客盈门。

（2）求新心理　这是追求菜品新颖、特色、猎奇为主要目的的心理动机。顾客寻找餐饮场所时，重视"时髦"和"奇特"，好赶"潮流"，在经济条件较好的地区中更为多见。如餐厅的创新菜的推销、美食活动的展示、特色菜的叫卖、餐饮服务的新变化等，都不同程度地吸引着来自不同地区的顾客。不管是高、中、低档的餐饮场所，都应十分重视新产品的开发，以满足不同顾客的共同心理需要。

（3）求名心理　这是一种以显示自己的地位和威望为主要目的的购买心理。顾客讲究就餐的环境，对餐饮场所的氛围要求较高，特别看重的是高档饭店的餐厅环境，对顶级餐厅经常来往，以此来炫耀自己。具有这种心理的人，普遍存在于现代社会中、上阶层中。利用品牌效应，以显示自己的地位和身份。目前，高消费客户有一定的群体，这也是为什么那么多的五星级饭店和许多高档餐厅生意较好的主要原因。

（4）偏好心理　这是一种以满足个人特殊爱好和情趣为目的的购买心理。随着社会的不断发展，人们对某一市场的需求发生了一些变化，同质市场在相对缩小，异质市场的需求不断扩大。根据个人的兴趣爱好来选择自己喜爱的餐饮场所已显得越来越突出，餐饮市场也出现了各不相同的环境氛围和特色卖场，各不相同的主题餐厅应运而生，它是依据现代人们不同需求的心理而出现的。人的偏好往往同某种专业、知识、生活情趣等有关，因此，特色的主题餐厅由于其独特的文化氛围可以促使顾客具有经常性和持续性前往就餐的习惯。

（5）自尊心理　这种心理是每个顾客都希望得到的。在进入餐厅时，人们既追求菜品的美味可口，又要求餐厅的服务人员能热情相待。"以客为尊"正是强调对顾客的重要性。也经常有这样的情况，有的顾客满怀希望地走进餐厅，一见服务人员的冷落态度就转身而去，到别的餐厅去了，甚至再也不光顾那家餐厅。特别是遇到一些不愉快的事情，不仅顾客不会再光顾，而且会进行不友好的反面宣传，最终造成企业的利润损失。

顾客就餐心理是各种各样的，其购买动机往往也是具体的、多种多样的。针对顾客的各种消费心理，经营者必须适时地调整经营战略，真心诚意地满足顾客，为顾客服务。

3. 改变传统的管理理念，引入科学有效的管理办法

（1）精细化管理　精细化管理是一个全面化的管理模式。全面化是指精细化管理的思想和作风要贯彻到整个企业的所有管理活动中。它包含以下几个部分。

① 精细化的操作：是指企业活动中的每一个行为都有一定的规范和要求。企业的员工都应遵守这种规范，从而让企业的基础运作更加正规化、规范化和标准化，为企业的拓展提

供可推广性、可复制性。

② 精细化的控制：是精细化管理的一个重要方面。它要求企业业务的运作要有一个流程，要有计划、审核、执行和回顾的过程。控制好了这个过程，就可以大大减少企业的业务运作失误，杜绝部分管理漏洞，增强流程参与人员的责任感。

③ 精细化的核算：是管理者清楚认识自己经营情况的必要条件和最主要的手段。这就要求企业的经营活动凡与财务有关的行为都要记账、核算。还要通过核算去发现经营管理中的漏洞，减少企业利润的流失。

④ 精细化的分析：是企业取得核心竞争力的有力手段，是进行精细化规划的依据和前提。精细化分析主要是通过现代化的手段，将经营中的问题从多个角度去展现和从多个层次去跟踪。同时，还要通过精细化的分析，去研究提高企业生产力和利润的方法。

⑤ 精细化的规划：是容易被管理者忽视的一个问题，但精细化规划是推动企业发展的一个至关重要的关键点。企业的规划包含两个方面：一方面是企业高层根据市场预测和企业的经营情况而制定的中远期目标，这个目标包括企业的规模、业态、文化、管理模式和利润、权益等；另一方面是企业的经营者根据企业目标而制定的实现计划。所谓精细化的规划则是指企业所制定的目标和计划都是有依据的、可操作的、合理的和可检查的。

（2）数字化管理　数字化管理是指利用计算机、通信、网络等技术，通过统计技术量化管理对象与管理行为，实现研发、计划、组织、生产、协调、销售、服务、创新等职能的管理活动和方法。也就是将厨房管理的过程进行数字化，通过对数据的分析，找出管理中的问题并寻找最有效的管理办法。

（3）5S现场管理法　5S现场管理法起源于日本，是指在生产现场中对人员、机器、材料、方法等生产要素进行有效的管理，这是日本企业独特的一种管理办法。1955年，日本5S的宣传口号为"安全始于整理，终于整理整顿"。当时只推行了前两个S，其目的仅仅是确保作业空间的充足和安全。到了1986年，日本有关5S的著作逐渐问世，从而对整个现场管理模式起到了冲击的作用，并由此掀起了5S的热潮。5S即整理（SEIRI）、整顿（SEITON）、清扫（SEISO）、清洁（SEIKETSU）、素养（SHITSUKE），又被称为"五常法则"。后来又衍生出7S现场管理法（整理、整顿、清扫、清洁、素养、安全、节约）和8S现场管理法（在7S基础上加上学习）。

（4）4D现场管理法　餐饮酒店4D食品安全现场管理体系又称四个到位现场管理体系（以下简称4D现场管理法），它是把企业中所有物品、设备和所有人的行为，全部规范统一，并通过明确标示直观体现的，可以促安全防事故、降成本升利润的一套系统标准，更是达到这种标准的简单、有效的方法。

① 整理到位：整理到位指判断必需与非必需的物品并将必需物品的数量降低到最低程度，将非必需的物品清理掉。必需品以最低安全用量明确标示、摆放整齐、做好清洁。整理到位的目的是把"空间"腾出来活用并防止误用。整齐、有标示，不用浪费时间寻找东西，

30秒找到要找的东西；清除工作场所各区域的脏乱，保持环境、物品、仪器、设备处于清洁状态，防止污染的发生。

②责任到位：责任到位指卫生、设备、服务、安全，责任到人，制度上墙。责任到位的目的是本着谁管理谁负责、谁使用谁负责、谁检查谁负责的原则，把工作流程化、把流程形象化和数字化，给予日常工作清晰的指导。

③培训到位：培训到位指连续、反复不断地坚持前面2D（整理到位、责任到位）的内容及办法，采取多种形式培训新老员工，让员工时刻牢记4D，使之深入人心。

④执行到位：执行到位指在培训到位的基础上，通过全员互动，用科学的监督系统将4D现场标准长久保持。

餐饮酒店4D食品安全现场管理体系，是管理理念上的创新。4D现场管理法看似简单，却蕴含着深刻的现代酒店管理理念和文化的精髓，是一种科学的管理方法和管理学。它是建立在实行全员管理的基础上，让酒店员工人人都从简单的小事做起，从而使管理工作细化到整个酒店角角落落的最实用、最见效、能持久的全新管理方式。员工一旦形成习惯后，便能自觉地执行规范，严守规程，并建立良好的工作秩序、提高效率、节能降耗，进而实现企业更大效益。4D现场管理法的优越性表现在以下几点。

①降低成本：通过执行物料先进先出，设置物料库存标准和控制量的方法，使库存保证不超过1~1.5天的量。大大减少由于一时找不到物品而重复采购的成本浪费，从而降低了总库存量，减少物资积压，增加了流动资金，提高了资金周转率。

②提高工作效率：将长期不用的物品或清除或归仓，将有用的物品按使用量的大小，分高、中、低分别分类存放，经常使用的放在最容易拿到的地方。同时有标签、有存量、"有名有家"，使员工在井然有序的货架上，保证需要的东西在30秒内找到。大大节约了时间成本，提高了工作效率。在设备上标明操作规程和用视觉、颜色管理，维持了透明度，即使该岗位员工离开，临时换他人也能准确操作，管理者和员工都相对轻松了许多。

③提高卫生程度：通过对所有范围卫生责任划分，从而对厨房天花板、出风口、隔油槽、油烟罩等彻底清理，使各处都井井有条，光洁明亮，给客人以信任感。

④改善人际关系：每一个岗位、区域都有专人负责，并将负责人的名字和照片贴在相应处，避免了责任不清、互相推诿情况发生。且通过不断鼓励，增加员工荣誉感与上进心，即使主管与经理不在，员工也知道该怎样做和自己要负的责任，坚持每天下班前进行5分钟4D现场管理。

⑤提高员工素质：员工通过反复执行正确地操作，而彻底形成良好的行为规范，养成讲程序、爱清洁、负责任的习惯，在不知不觉中将好的习惯带到家中、生活中，变得更加文明。

⑥强调全员参与：以前认为，质量是有关部门的事，最多是业务部门的事。而现在强调质量和全体员工有关，不分前台、后台，必须人人参与，大家都自觉行动起来。

任务 3　厨房管理人员和要求

◎ **任务驱动**

　　1. 厨房管理人员的要求。

　　2. 厨房管理的方法和要求。

◎ **知识链接**

一、厨房管理人员要求

　　饭店餐饮质量直接关系到饭店的声誉和效益，规范的厨房业务管理是提高餐饮质量的关键之一，作为一名厨房管理人员必须做到以下几点。

　　首先，不仅具有高超的烹调技术，还要懂得营养学、美学和生物学等方面的知识。能够有针对性、及时灵活地调整菜肴经营品种，具备发展和改善菜式的能力，具备正确评估原料需求数量和质量的能力，最大限度地使用原料，善于根据库存原料情况调整菜单，确保原料适当的库存量，将食品成本控制在要求的水平上。

　　其次，必须全面了解并掌握饭店内部的各项规章制度，督促员工遵守，并身先士卒，率先垂范，正人先正己，要求员工做到的，自己首先要做到，在工作中要做到"手勤""腿勤""嘴勤""眼勤"，要严格遵守《中华人民共和国食品安全法》和酒店的卫生制度，带头搞好节能降耗和成本控制工作，改掉不良习惯。要搞好部门内部间的协调和沟通，善于听取有关餐饮质量方面的反馈意见，并认真及时处理好。要站在客人的角度为客人着想，对好的方面要继续发扬，对不足之处要及时改正。在勤动嘴的同时，也要多动手，亲自操作示范，加强对员工的督导和培训，力争使大家团结一致，共同努力为客人提供满意可口的菜肴。

　　再者，要虚心好学，不断提高自己的业务知识和技能，善于创新。在当今激烈的市场竞争中，烹饪技艺仅仅是基础，创新的本领才是使厨师"职业生命"得以"强化"和"长寿"的根本。任何厨师不论其职称多高，也不论其过去功绩多大，评价其水平的唯一标准就是推出的菜肴是否受顾客的欢迎，是否给酒店带来经济效益，即市场是检验厨师（长）水平的唯一标准。

　　作为一名厨房管理人员，只有不断提高自身素质和专业技能，敢于创新，才能使自己立于不败之地。

二、管理厨房的环节和方法

　　餐饮质量的管理，从某种意义上说决定着酒店的声誉和效益。厨房是餐饮的核心，厨房的管理是餐饮管理的重要组成部分。厨房的管理水平和出品质量，直接影响餐饮的特色、经营及效益。

当今的餐饮市场，竞争异常激烈，一个餐饮企业能否在竞争中站稳脚跟、扩大经营、形成风格，厨房的管理者——厨师长（或行政总厨）肩负重任，责无旁贷。

1. 岗位分工合理明确

合理分工是保证厨房生产的前提，厨房应根据生产情况、设施、设备布局制定岗位，然后再根据各岗位的职能及要求作明确规定，形成文字，人手一份，让每位员工都清楚自己的职责，该完成什么工作，向谁负责，都要明白无误。

2. 制度的完善和督促

制度建立以后，应根据运作情况来逐步完善，员工的奖罚等较为敏感的规定应加以明确，界定清楚。为避免制度流于形式，应加强督查力度，可设置督查管理人员，协助厨师长落实、执行各项制度（管理员和员工比例应参照1：12），改正大多数厨房有安排、无落实的管理通病，确保日常工作严格按规定执行，使厨房工作重安排、严落实。厨房的规章制度是员工工作的指导，制定了岗位职责、规章制度、督查办法后，再进一步加强对人员的管理时就有章可循了。

3. 人员管理

合理的岗位分工、健全的制度，配有高素质的人员，才能使之良好运作，现代厨房应转变传统观念里只重技艺不重其自身文化素养的弊病。要知道，技艺水平只能代表过去，有经验、缺乏理论的工匠是很难有所建树的，况且，在烟熏火燎的厨房里，如果人员素养不好，极容易滋生是非。诚然，厨房在聘用员工时不能忽略其技能基础，但更应该提高在人文素养方面的要求。只有拥有丰富的工作经验，扎实的技艺基础，结合有效的理论指导，再灌输经营者的理念，菜肴出品才能有所突破，形成风格，在日常生活中也较容易沟通与协调。

4. 成本管理

除了做好质量的检验、价格的监督外，利用下脚料也是一个降低成本的途径。具体可采取利用和外售的办法，利用下脚料经过一定的工序制成宴席菜品，如制作手工菜、安排工作餐等。对一些无法及时处理的下脚料可以联系一些食堂、餐馆、饲料加工厂等进行处理，如鱼头、肉头、黑油等，以此来降低成本。此外，厨师长还应制定一套收支的平衡表，进行财务分析、测算，对大宗、固定的原料开支定期与营业额做比照，控制原料成本。间接成本，主要是指燃料、水、电、洗涤、维修、物品消耗及办公费等，属于厨师长管理范畴的成本。首先应根据营业及实际情况精确制定各项开支。如燃料占营业额的1.6%~1.9%，水、电占营业额的1.2%~1.5%，如开支报表超过计划指数，再找出原因，进行整改。关于厨房设备，厨师长须掌握基本的维护保养知识，制定标准的使用、清洁办法，再责任落实到岗位组长。维修方面，针对厨房设施、设备的专业性，一般水电工不熟悉，应建议酒店培养或配备专业性较强的工程人员，以应对突发故障和降低维修费用，提高厨房设备的使用率等于提高酒店效益。

5. 部门协调

现今的厨房，除了保证出品供应，还应很好地与各相关部门协调好关系，以获取多方面的配合与支持，来确保厨房顺利运作和获得较好的声誉，特别是前厅部、公关销售部、工程部等。另外，厨师长作为餐饮部的主要管理人员，应熟悉前厅的各个工作环节，经常征询服务人员和宾客对菜肴的反馈意见，定期组织厨房与前厅服务员进行交流、沟通，促进餐厨间的了解、协作。

最后，作为一名厨师长，还应经常与员工进行沟通，了解员工的思想波动，帮助他们建立起良好的人际关系。

三、厨房管理的要求

1. 厨房要抓好采购进货关

采购进货是餐饮产品生产过程的第一个环节，也是成本控制的第一个环节。由于产品原料种类繁多、季节性强、品质差异大，其中进货质量又直接与原料的净料率有关，所以采购进货对降低饮食产品成本有十分重要的影响。厨务人员应按照一定的采购要求科学地进行采购进货，如质量优良、价格合理、数量适当、到货准时、凭证齐全等。

2. 加强储藏保管

储藏保管是餐饮产品成本控制的重要环节。如果储藏保管不当，会引起原料的变质或丢失、损坏等，造成食品成本的增加和利润的减少。因此，务必做好原料的储藏和保管工作。食品原料购进后，应根据货品类别和性能分别放入不同的仓库，在适当的温度下储存。食品原料按储存特性，一般分为两类：一类是可以长期储存的原料，如粮、油、糖、罐头、干货等；另一类是不宜长期储存的鲜货原料。对于第一类，要根据原料的分类和质地特点分别存放，注意通风和卫生，防止霉烂、变质、虫蛀和鼠咬。对于第二类，通常不要入库储存，应直接由厨房领用。这类原材料时效性大，要特别注意勤进快销，以保证货品新鲜。此外，要建立各项储存保管制度，仓库或保管部门必须做到准确记账、严格验收、及时发料、随时检查、定期盘点。

3. 提高操作水平，控制原材料成本

一方面，要提高加工技术，搞好原材料的综合利用。在粗加工过程中，应严格按照规定的操作程序和要求进行加工，达到并保持应有的净料率。其中，对粗加工过程中剔除的部分应尽量回收利用，提高原材料的利用率；在切配过程中，应根据原材料的实际情况，做到整料整用，大料大用，小料小用，以及对下脚料综合利用。严格按照产品事先规定的规格、质量进行配菜，既不能多配或少配，也不能以次充好。不能凭经验随手抓，力求保证菜品的规格和质量。另一方面，提高烹调技术，保证菜品质量。在烹调过程中，应严格按照产品相应的调味品用量标准进行投入，这不仅使产品的成本精确，更重要的是保证产品的规格、质量的稳定；提倡一锅一类，专菜专做；严格按照操作执行，掌握好烹制时间和火候，提高烹调技术，合理投料，力求不出或少出废品，把好质量关；在烹调过程中还应节约燃料，以便有效地降低燃料成本。

此外，还应降低管理费用。具体内容包括水电费、包装费、保管费、物料消耗、运杂费、工资、福利费、折旧费、家具用具摊销、零星购置费、保险费及其他费用等。降低管理费用，主要采取以下措施。

（1）扩大营业额　只有通过生产销售活动，不断扩大营业额，才能加速资金周转。同时，随着营业额的扩大，运杂费、物料消耗、手续费、水电费等可变费用一般会有所增加，但不随着营业额的扩大而等比例增加；如工资、折旧费、福利费、修理费等，一般不变动或变动很小，因而扩大营业额就可以相对降低费用水平。

（2）提高劳动效率　劳动效率的高低，直接影响工资水平。如果其他条件不变，职工工资增加，必然会使费用上升。但是，提高劳动效率，并使劳动效率增长的速度超过平均工资的增长速度，就可以在改善职工生活的同时降低费用水平。提高劳动效率还可以充分利用工作现场，提高设备利用率。因而，有关物质技术设备方面的一些费用开支，如折旧费、租赁费等，就可以随着劳动效率的提高而相对降低。

（3）减少重点项目的费用开支　工资、水电费、管理费等所占比重较大，节约费用开支应当抓住这些重点项目，采取有效措施。第一，抓水电费的节约，注意节约水电，从点滴做起。第二，加强对各种设施、设备的维修和保养，提高利用效率，并可延长其使用寿命，降低设备费用支出。第三，严格控制各种物料消耗，压缩管理费用。

任务4　厨房管理理念的转变

◎ 任务驱动

1. 厨房管理理念的转变。
2. 厨房管理的方法和要求。

◎ **知识链接**

目前，人们的饮食越来越精细化、个性化，对饮食的要求也越来越高。在这样的背景下，现代餐饮业的发展迎来了极大的挑战与变革，餐饮行业必须与时俱进，这样才能在日趋激烈的市场竞争中脱颖而出。餐饮业的竞争实质上就是厨房管理的竞争，厨房管理工作做得好，餐饮企业才能发展好。

现代厨房管理是餐饮企业的重要工作内容之一，科学合理的厨房管理不仅能增强厨师的责任意识，还能提升餐饮企业的市场竞争能力。

传统的厨房管理方式已无法满足现代餐饮业的发展需求，要对传统的厨房管理理念进行改革和创新，加强厨房队伍建设，摒除厨房管理中的陋习，强化餐饮企业的口碑。

一、建立公平、公正的现代厨房管理制度

在传统的厨房管理中，往往是由厨师长进行各方面的平衡管理。厨房是厨师的世界，对厨房进行管理就是对厨师进行管理。厨师管理中通常都存在着师徒等裙带关系，简化厨房的这层复杂关系是现代厨房管理理念中的重要组成部分，要建立公平、公正的厨房管理制度。

（1）平衡厨房中的师徒关系，协调厨师的派系关系，要对厨师长的权力加以制衡，并制定合理的奖励制度。

（2）实行"连坐"和"共勉"制度，即一荣俱荣，一损俱损，避免派系之争和师徒裙带关系对厨房事务管理造成不良影响。

（3）还要对此制度进行进一步完善，防止投机者因不劳而获而引起他人的不满。

（4）建立共同行为责任制度，规范厨房内所有人员的工作行为。

二、明确划分厨房内所有人员的权利、义务和责任

在传统的厨房管理工作中，往往实行厨师长负责制，厨房的大部分工作都由厨师长进行分配协调，在出现问题时，其他人员会互相推诿。

在权责不明的情况下，会导致团队的协作能力降低，工作效率低下，纷争情况严重。在现代的厨房管理工作中，必须明确每个人的权利、义务和责任，但又不能过于严苛，否则每个人都会只关注自己的责任，却不能顾全大局，要打造具有团队精神的厨房，实现互利共赢。

在现代的厨房管理工作中，要以建立优秀的团队为目标，制定全面、合理的管理准则，使厨房内的所有人都能遵守规则，积极合作。

同时，还可以考虑团队间分担奖励或是互相奖励，一方面可以增进感情，另一方面还可以加强监督力度，实现人性化管理。

三、激发厨师的创造性

面对竞争日益激烈的餐饮业，厨师作为菜品的主宰者，必须积极钻研菜品，不仅要在相同菜品中做出独特的味道或样式，还要不断推出独家特色菜品，这样才能保证餐饮业的长远发展。为激发厨师的创造性，应制定相应的奖励细则，完善良性竞争的制度，营造公平竞争的环境。餐饮企业可以定期举办厨师技能比赛，并对表现突出的厨师给予适当奖励。同时，为创造性较强的厨师提供进修机会，帮助厨师能够不断提高厨艺技能。

餐饮企业应该对厨房的各类不同工种进行整编，使其各司其职，各尽所能，为打造优秀厨房尽一份力。

此外，餐饮企业还可以定期组织交流会、座谈会，使各工种之间能够彼此交流对厨房工作的反思与心得，厨师之间可以互相切磋厨艺，交流做菜方法，并针对新菜品提出意见或建议，使厨师能够对厨房的整体情况有新的认识。

四、培养厨师的现代化管理水平

在传统餐饮行业中，往往更加重视厨师的手艺和做菜的本领，一般不太重视厨师的管理能力。

但在现代厨房的管理理念中，要摆脱只要菜品做得好，就一切都好的固有心理，要放眼全局，既要培养厨师的手艺，又要锻炼厨师的管理才能。

因此，要对厨师长进行不定期培训，使其不断了解和钻研新的菜品，在提升手艺的同时，还要不断学习管理知识，从而能成熟稳重地掌控全局。厨师长的管理一旦失去平衡，势必会影响到餐饮企业的长远发展，厨师长要正确认识到现代厨房管理理念的重要性。厨房管理不仅要对厨师进行管理，还要对各个岗位进行管理。厨房岗位众多，50%以上的人员都是技术人员，而各个岗位的需求不同，对厨师的技术要求也有所不同，厨师长要根据不同的岗位需求对技术人员进行有效管理。要了解和掌握厨房内各技术人员的优缺点，以达到取长补短的目的。

厨师长对厨房管理要有全局意识，要本着"厨房服从前台、餐厅服从客人"的管理原则，并将其作为现代厨房管理运行的主要程序，重视消费者对菜品质量的反馈信息，提高服务水平。

厨师是厨房的命脉所在，也是餐饮企业持续平稳发展的关键。企业要学习现代化的厨房管理观念，不能只对厨房规格、菜品、物品进行管理，要从对物品的低层次管理转变为对厨师的高层次管理，激发厨师的工作积极性。

同时，还要制定严密而科学的厨房管理制度，提高厨房管理的秩序性和协调性，为餐饮企业的长远发展作出贡献。

五、提高厨房管理者的管理水平

1. 尊重人，关心人，以情动人

人都有自尊心，都希望得到别人的尊重。马克思说："希望得到尊重是人类更高层次的需要。"因此，在厨房的日常工作中，厨师长处处尊敬和关心下面的员工，动之以情，晓之以理，不仅可以避免发生不必要的冲突，而且自己工作起来也会得心应手。对员工来说，金钱固然重要，但是工作环境也同样重要。在日常的管理中，如果能处处尊重员工、关心员工，那么员工也会努力工作。

2. 杜绝家长式管理

对手下有一班人马的厨师长来说，要更好地了解员工，了解他们的性格、能力及思想状况，进而有效地进行管理，这无疑是"调兵遣将"的法宝。另外，厨师长还应当根据厨房的实际情况制定一套科学的、行之有效的规章制度，使厨房的各项工作规范化、标准化。绝不能凭个人的好恶任意行事，那样就是没有章法了。对于手下的员工，该奖的要奖，该罚的要罚。

3. 物尽其用，降低成本

厨师长应积极配合餐厅其他部门搞好厨房的成本核算。在采购时，要货比三家，并且要发动手下员工集思广益，堵住厨房的一切漏洞。中国有句俗话，称作"良匠无弃材"，意思是说，本事高强的工匠什么样的材料都能够充分加以利用。另外，酒店的油、气、水等燃料和原料都应当合理使用，坚决杜绝浪费，以增强酒店的市场竞争力。

4. 统筹安排，完善管理

如何增强厨房里的员工为前厅服务、为顾客服务的意识，如何使厨房里的员工和前堂的服务员更好地配合，的确不是一件容易事。由于厨房和前堂是两个完全不同的工种，彼此对问题的看法和处理方式必然有所不同。而作为厨房管理者的厨师长来说，自己首先应当以大局为重，以整个餐厅的利益为重，随时注意厨房和前厅的配合，并随时对手下的员工强调这一点。

厨师长应经常向前厅经理和服务员了解前厅的情况和顾客对菜品的反应，并且把信息汇总起来，进行综合分析后再反馈给手下的员工，然后集思广益，找出解决问题和改进工作的办法，使厨房的工作不断完善。此外，厨师长自己平时也应多学习一些经营管理方面的知识，并随时留意烹饪技术方面的信息和餐饮市场的动态，还要注意随时和餐饮界的同行进行交流，以不断地充实和提高自己，使自己不会落后于时代的潮流。

当然，每一位厨师长完全可以根据自己所处的实际情况，因地制宜、审时度势，找出一套行得通的管理办法，并且在此基础上不断改进，不断创新，最终把自己负责的厨房管理好。

六、厨房生产方式的转变

现在是传统手工烹饪与现代工业烹饪并存的时期。这种状况将会持久地延续下去。现今的手工烹饪仍然存在，仍在发展。但随着社会经济的不断发展，纯粹地依赖手工操作已越来越显示出许多不足之处，特别是在大工业生产中更加突出。所以，饭店菜品的生产将随着生产力的发展，逐渐向半机械化、机械化甚至自动化机械生产方向发展。现代烹饪除部分手工烹饪以外，将在原有手工烹饪的基础上向工厂化的食品生产加工方向变化，即由手工操作变为机械生产，由加工一道菜、一种点心变为生产成百上千甚至上万成批的菜品，由厨房单个加工变为工厂车间加工。

随着生产或加工食物的方式方法的变化，烹饪的社会性日益增强，人们对饮食营养保健和审美要求日益提高。科学技术和生产力的发展使食品机械加工广泛地走进了现代厨房，在传统手工操作的基础上，半机械、机械和自动化机械生产成为当今厨房生产、加工的主要特色。烹饪机器从手工烹饪脱胎而来且与手工烹饪加工并无根本区别，但由于加工方式、生产数量以及加工场所上的变化，其生产方式具有规模化、规范化、标准化等优势，既减轻了手工烹饪繁重的体力劳动，又使大批量的食品品质更加稳定，并能适应人们快节奏的生活需要，节约时间，带来方便。因此，从事厨房管理的人士，也应当关心现代烹饪的发展，并大力提倡现代设施设备在烹饪操作过程当中的合理运用。

任务 5　现代厨房的变革

◎ **任务驱动**

现代厨房加工质量控制标准的制定主要包括哪些内容？

◎ **知识链接**

一、现代厨房加工中心的设计和建设

随着商品经济的发展，市场体系的完善，社会运行节奏的加快，人民生活水平的提高，烹饪社会化的需求急剧扩张，家务劳动特别是饮食社会化成为多数人的迫切愿望，而烹饪专业化则是饮食社会化的前提条件。此外，随着科学技术的发展，现代化机械设备、质量的自动控制、包装材料和容器以及储存、运输等方面的配套技术在烹饪行业越来越广泛地运用，从而加深社会分工的细化，促使烹饪生产过程各个环节的专业化。

在饭店企业内部，专业化把企业在多种经营条件下的各个分散点和各个生产单位分散的小批量生产，转换为集中的大批量生产，这就有利于采用专用烹饪设备、先进生产工艺及科学的生产组织形式与管理方式，从而增加烹饪制成品的产量，降低成本，为中餐菜点工业化生产提供可能，同时也发挥了规模化经营的经济效益。

规模较大的饭店或餐厅、厨房较多的大酒店可通过建立"中央工厂"，对饭店内部或连锁分店的餐厅、厨房实行统一采购、集中储备、集中加工，把加工后的原料或半成品送至各店铺厨房，使其稍作加工烹调便可出售。这样既能保证产品质量、降低产品成本，又能减轻厨房负担、提高经济效益。

饭店利用中央厨房生产，将厨房加工变为工厂的车间是当前餐饮业的一大生产风格。对于饭店企业来说，就是将分散的、零星的厨房或店铺原料加工集中起来，由一个专门的原料加工小组统一进行，形成一定的加工规模，使各个厨房分享效益，而且保证各个厨房产品的质量标准，统一了产品的规格水平。每个厨房根据菜单的要求和经营的状况每天提前通知加工中心，各个厨房不需要再用人员加工原料，真正减轻了整个分厨房的负担，同样也降低了各厨房的加工费用和人员消耗的费用。

在有条件的饭店和酒楼，特别是多个厨房的饭店，为了合理利用原材料，最好的方法就是设计厨房加工中心。将各个厨房每日所需的各种原料总量汇总，根据每日生产任务情况统一订料，并根据各种菜品的加工规格统一加工，这样不仅节省人力，而且将原料合理分档，最大限度地充分利用原材料，减少浪费和损耗，还能起到保质保量的效果。目前，许多地区大中型饭店都考虑到原材料的利用，设立了一个原材料的"加工中心"，将购进的原料进行充分合理的加工，由一名厨师长负责，带领一个小组几名厨师，将饭店各个厨房的原料加工全部承担包干，厨房各分点每天下午把第二天将用的原料单送至加工中心，加工中心每天统一备货生产，根据各分点的不同规格、不同需求量配齐所需原料，第二天根据事先约定的时间，厨房分点凭原料单按订购数去中心领货。加工中心专门从事原料的订货、加工、发派以及原料涨发等工作，为厨房生产统一规格创造了条件。

二、现代厨房加工质量控制标准的制定

烹饪原料的加工控制，就是要求做到标准化、规范化，合理的加工原料，努力提高净料率，减少加工过程中的各种浪费，使加工半成品的原料得到有效控制。

原料的加工是菜点生产的前提。如果原料加工无标准或不合格，菜点生产不但可能出次品，而且还不可避免地会增大成本，减少盈利。要使采购进来的原料发挥最大作用，产生最高效益，制定统一的加工规格标准是非常必要的。

加工规格标准，包括加工原料的名称、加工数量、加工时间、加工质量指标等内容。这些方面必须明确执行，如加工质量指标，必须明确、简洁地交代加工后的各项质量要求，

主要包括原料的体积、形状、颜色、质地以及口味等。如榨菜丝的形成质量标准是：丝长5cm，宽、厚均为0.3cm，整齐均匀；干蹄筋油发水泡的质量标准是：色泽微黄，整齐，蓬松，孔密，水泡洗后有弹性不碎散，无油腻等。

原料的质量和价格由加工中心与采购部洽谈，饭店设立价格小组，与多家供货商每月报价一至两次；财务部有市场调研员，调查价格行情；厨房内部了解周边的价格行情。各部门之间互相监督，将原料价格控制在最低点。如美国中式快餐店"聚丰缘"的中心厨房，从采购到加工厂都有严格的控制标准，对原料的冷冻程度、排骨中骨与肉的比例等都有具体规定。标准化生产必须严格按程序操作，把厨师个人对菜肴的影响降低到最低，乃至可以大量使用年轻的非熟练工人，重复地执行一定程序的操作任务，生产品质相同的产品。

■ 思考题

1. 现代厨房生产的要求有哪些？
2. 现代厨房生产的特点是什么？传统厨房生产与现代厨房生产各有何特点？
3. 简述厨房生产方式的演变。
4. 现代厨房管理的任务有哪些？

厨房布局设计

◎ **学习目标**

1. 掌握确定厨房位置的原则。
2. 掌握厨房设备布局。
3. 了解各种烹饪操作间如何设计布局。
4. 了解厨房设计对出品速度和质量的影响。
5. 熟悉厨房设计与厨房生产特定风味之间的关系。

◎ **学习重点**

1. 厨房设备布局。
2. 各种烹饪操作间设计布局。

任务 1　厨房设计布局的重要性

◎ **任务驱动**

1. 什么是厨房设计布局？
2. 掌握厨房设计布局的重要性。

◎ **知识链接**

厨房设计布局就是根据厨房的规模、形状、建筑风格、装修标准及厨房内各部门之间的关系及生产流程，确定厨房内各部门的位置以及厨房设施和设备的分布。

厨房生产的工作流程、生产质量和劳动效率，在很大程度上受布局支配。厨房设计布局是否合理直接关系着员工的工作量、工作方式和工作态度。科学合理的厨房布局可以减少厨房浪费，降低成本，方便管理，提高工作质量和劳动效率，防止员工外流。合理的厨房布局与优质的菜点、高超的烹饪技术在生产中同等重要。

一、厨房设计布局直接影响出品速度和质量

厨房设计布局流程合理，场地节省，设备配置先进，操作使用方便，厨师操作既节省劳动，又得心应手，出品质量和速度便有物质保障。反之，厨房设计间隔多，流程不通畅，作业点分散，设备功能欠缺，设备返修率高，无疑将直接影响出品速度，妨碍出品质量。

二、厨房设计布局是保障厨房生产特定风味的重要前提

无论厨房的结构怎样，其功能分隔和设备的选型、配备，都是与厨房生产经营的风味相匹配的。不同菜系、不同风格、不同特色的餐饮产品，对场地的要求和设备用具的配备是不尽相同的。经营粤菜要配备广式炒炉；以销售炖品为主的餐饮，厨房则要配备大量的煲仔炉；以制作山西面食为特色的餐饮，则要设计较大规模的面点房，配备大口径的锅灶、蒸灶。厨房设计为生产和提供特色餐饮创造了前提。正因为如此，随着饭店餐饮经营风味的改变，厨房的设计布局必须作相应的调整，这样才能保证出品的质量优良和风味纯正。所以，伴随餐饮市场行情的不断变化，调整和完善厨房的设计布局，将是一个长期的、不容忽视的课题。

三、厨房设计布局决定厨房员工工作环境

假日酒店创始人凯蒙斯·威尔逊说过，没有满意的员工，就没有满意的顾客；没有使员

工满意的工作场所，也就没有使顾客满意的享受环境。因此，良好的厨房工作环境，是厨房员工悉心工作的前提。而要为厨房员工创造空气清新、安全舒适和操作方便的工作环境，关键在于从节约劳动力、减轻员工劳动强度、关心员工身心健康和方便生产的角度出发，充分计算和考虑各种参数、因素，进行设备选型和配置，将厨房设计成先进合理、整齐舒适的工作场所。

四、厨房设计布局是为宾客提供良好就餐环境的基础

厨房相对于宾客就餐的餐厅来说是餐饮的后台。没有分工明确的后台，则不可能有独立完整的前台。因此，要为宾客提供清新高雅、舒适自如的就餐环境，就应将厨房设计成与餐厅有明显分隔和阻挡的，且不能有噪声、气味和高温等污染的独立于前台的生产场所。不仅如此，为宾客提供完整而有序的出品所必需的备餐服务，也应在厨房设计内统筹考虑。

五、厨房设计布局决定厨房建设投资

厨房设计布局确定厨房各工种区域的面积分配，计划并安排厨房的设施、设备。面积分配合理，设施、设备配置恰当，厨房的投资费用就比较节省。如果面积过大、设施设备数量多、功率大或超过本店厨房生产需要，片面追求设备先进，功能完备，出现大马拉小车的现象，将会无端增加厨房的建设投资；如果厨房面积过小，设备设施配备不足或功率不够，捉襟见肘，生产和使用过程中，不仅需要追加投资以满足生产需要，而且还会影响正常生产和出品。

任务 2　厨房总体设计布局

◎ **任务驱动**

　1. 厨房设计布局的类型有哪些？

　2. 厨房环境设计应从哪些方面入手？

◎ **知识链接**

一、厨房设计的要求

（1）必须保证厨房生产流程的畅通　在厨房的生产中，各道加工程序都应按顺序流向下

一道工序，应避免回流和交叉。

（2）以主厨房为中心进行设计与布局　有的饭店只有一个厨房，有的饭店有多个厨房。

（3）厨房要尽可能靠近餐厅　中国菜的一大特色就是热菜热吃，厨房与餐厅如间隔距离太远，一会影响出菜的速度，二会影响菜点成品的质量，三会造成人力的浪费。

（4）厨房各作业点应安排紧凑　厨房和作业点之间都有一定的联系，设计布局时应将工作联系紧密的、合用一种设备或工序交叉的作业点排放在一起。对于各作业点内部的布局也应安排紧凑得当，使各作业点的工作人员都能便利地使用各种必需的设备和工具，而不必东奔西跑去寻找。保证厨房的生产人员能极便利地使用各种必需的设备和用具，简化操作程序，缩短员工在生产中行走的路线。

（5）设施、设备的布局要合理　厨房生产间噪声较大，如果机械设备布局不妥，就会加重厨房的噪声。设备的安放要便于使用，便于清洁，便于维修和保养。厨房的设施，必须根据饭店的总体规划进行设计布局，有利于饭店实施高标准的卫生、安全、防火措施。

（6）要注重工作环境的设计与布局　厨房工作很辛苦，生产环境和生产条件的优劣都会直接影响到员工的工作情绪和工作量。要确切地说，会影响到产品的质量和生产效率。厨房环境因素有温度、湿度、通风、照明、墙壁、天花板、地面强度、颜色、噪声以及工作空间的大小等。舒适的工作环境、现代化的设施设备可减少厨房工作人员的体能消耗，还可提高员工的工作热情。

（7）要符合卫生和安全的要求　厨房设计不仅要选好恰当的地理位置，而且要从卫生和安全的角度来考虑。

（8）保证生产不受特殊情况的影响　在能源的选择上，要尽可能使用两种或两种以上的能源。假如煤气管道检修停气时，仍然有其他能源代替生产。在这一条线路停电后，另一条线路能保证照明的正常等。

（9）从长远的生产考虑　在整体布局时，对厨房的面积、厨房内部的格局、设备的选择等要根据发展规划，留有一定的余地。

二、影响厨房设计布局的因素

（1）厨房的建筑风格和规模　即场地的形状，房间的分隔格局，实用面积的大小、高度和方位，楼层位置，地板，采光通风条件，照明，温度，噪声等。

（2）厨房的生产功能　即厨房的生产形式，是粗加工厨房还是烹调厨房；是中餐厨房还是西餐厨房；是宴会厨房还是快餐厨房；是粤菜厨房还是川菜厨房。厨房的生产功能不同，其生产方式也不同，布局就必须与之相适应。

（3）厨房所需的生产设备　即所需生产设备有哪些，这些设备的件数、型号、规格、种类、功能、所需能源等情况，决定着摆放的位置和占据的面积，影响着布局的基本格局。

（4）厨房的经营规格　即厨房的工作水准，餐厅的档次和容客人数。

（5）公用事业设施状况　即电路、煤气等其他管道的现状。布局必须注意这些设施的状况，在公用事业设施不方便接入的地区，安装布局设备开支比较大，所以在布局时，对公共事业设备的有效性必须作估计。

（6）法规和有关执行部门的要求　如《中华人民共和国食品安全法》对有关食品加工场所的规定，卫生防疫部门、消防安全部门提出的要求等。

（7）投资费用　即厨房布局的投资多少。这是一个对布局标准和范围有制约的经济因素，因为它决定了用新设备还是改造现有设施，决定了重新规划整个厨房还是仅限于厨房内特定部门的改造。

三、厨房设计布局的实施目标

为了保证厨房设计布局的科学性和合理性，对厨房布局必须认真筹划。聘请专业设计师和厨房专业管理者、设备供应单位、消防单位、水电能源安装单位、建筑施工单位等部门的专家共同研究设计，并留有充分的筹划时间，最后决定实施目标。

（1）选择最佳的投资，实现最大限度的投资回收　如设备设施费用要保持低开支，可选择耐用的材料，有效利用能源。

（2）满足长远的生产要求　要从全局考虑，对厨房与餐厅的比例，厨房内部的格局，要根据将来的发展规划，留有足够余地。如厨房计划扩建或新增加设备等。

（3）选择最佳生产流程线，保障生产流程的顺畅合理　生产中的各道加工程序，都应按顺序流向下一道工序，避免回流和交叉，提高生产和运送效率，即研究多种生产流程线，比较利弊，选择最佳生产流程线。

（4）简化作业程序，有利提高工作效率　部门和设备的布局，要方便生产操作，减少员工在生产中多余的行走。

（5）选择便于维修、保养和清洁的，设计精细、经久耐用的设备　设施要符合《旅游饭店星级的划分与评定》的规定。

（6）要能为职工提供卫生、安全、舒适的作业场所　作业场所要符合卫生法规，符合劳动保护和安全的要求。

（7）要使员工容易受到督导管理　如厨师长办公室应能观察到整个厨房的工作情况。同一部门的岗位应布局在一定范围内。

（8）保证生产不受特殊情况的影响　如选择使用多种能源，在煤气管道检修停气时，仍然有其他能源代替生产；在一道线路停电时，另一道线路能保证照明正常等。

四、确定厨房位置的原则

厨房的位置虽多受饭店建筑格局所限，很难由厨房管理人员选定，但在确定其布局时，遵循以下原则是必要的。

（1）厨房必须确定在便于消防控制的地方。

（2）厨房必须确定在环境卫生的地方，厨房的附近不能有任何污染源。

（3）厨房必须确定在生产噪声不干扰附近居民或住客的地方。

（4）厨房必须确定在便于原料进店和垃圾清运出店的地方。

（5）厨房必须确定在便于脱排油烟的地方。

（6）厨房必须确定在靠近或方便连接使用水、电、气等公用设施的地方。

五、厨房面积的设计要求

厨房面积在餐饮面积中应有一个合理的比例。厨房面积对顺利进行厨房生产至关重要，它影响到工作效率和工作质量。面积过小，会使厨房拥挤，不仅影响工作速度，而且还会影响员工的工作情绪；面积过大，员工工作时行走的路程就会增加，工作效率自然会降低。因此厨房面积应该在综合考虑相关因素的前提下，经过测算分析后确定。

1. 确定厨房面积的考虑因素

（1）经营的菜式风味　中餐和西餐厨房所需面积要求不一，西餐相对要小些。主要是因为西餐原料供应要规范些，加工精细程度高些，同时，西餐在国内经营的品种也较中餐要少得多。同样是经营中餐，宫廷菜厨房就相对比粤菜厨房要大些，因为宫廷菜选用的干货原料占很大比例，原料的加工、涨发费时费事，还费地方。总之，经营菜式风味不一，厨房面积的大小也是有明显的差别的。

（2）原材料的加工量　国内烹饪原料市场供应不够规范，规格标准大多不一，原料多为原始、未经加工的低级原料，需要进行进一步整理加工，因此，不仅加工工作量大，生产场地也要增大。若是干货原料制作菜肴多的饭店，其厨房的场所，尤其是干货涨发间更要加大。

（3）厨房的生产量　生产量是根据用餐人数确定的。用餐人数多，厨房的生产量就大，用餐设备、员工等都要多，厨房面积也就要大些。

（4）设计的先进程度与空间利用率　厨房设备革新、变化很快，设备先进，不仅能提高工作效率，而且功能全面的设备可以省不少场地。

2. 厨房总体面积确定

（1）按餐位数计算厨房面积　一般来说，与供应自助餐餐厅配套的厨房，每一个餐位所需厨房面积为0.5~0.7m²；供应咖啡、制作简易食品的厨房，由于出品要求快速，故供应品种相对较少，因此每一个餐位所需厨房面积约为0.4m²。

具体如表2-1所示。

表 2-1　　　　　　　　　　　不同类型餐厅的厨房面积

餐厅类型	厨房面积 /m²
自助餐厅	0.5~0.7
咖啡厅	0.4~0.6
正餐厅	0.5~0.8

（2）按餐厅面积计算厨房面积　国外厨房面积一般占餐厅面积的40%~60%。根据日本统计，饭店餐厅面积在500m²以内时，厨房面积是餐厅面积的40%~50%，餐厅面积增大时，厨房面积比例也逐渐下降。具体如表2-2所示。

表 2-2　　　　　　　　　　　不同餐厅面积下的厨房面积

餐厅净面积	厨房面积
1500m² 以下	餐厅净面积 ×33% 以上
1501~2000m²	餐厅净面积 ×28%+75m² 以上
2001~2500m²	餐厅净面积 ×23%+175m² 以上
2501m² 以上	餐厅净面积 ×21%+225m² 以上

（3）按餐饮面积比例计算厨房面积　厨房面积在整个餐饮面积中应有一个合适的比例，饭店各部门的面积分配应做到相对合理。具体如表2-3所示。

表 2-3　　　　　　　　　　　饭店各部门的面积分配

各部门名称	占餐饮面积百分比 /%
餐厅	50
公用设施（洗手间、过道）	7.5
厨房	21
清洗	7.5
仓库	8
员工设施	4
办公室	2

六、厨房环境设计

厨房环境设计主要指对厨房通风、采光、温度、湿度、地面、墙壁等构成厨师工作、厨房生产环境方面的相关设计。厨房环境设计得好，厨师会在清新舒适的环境内进行生产，心情舒畅，干活效率高；否则既影响菜点质量，又可能给安全生产带来隐患。

1. 厨房的高度

厨房高度一般应在4m左右。如果厨房的高度不够，会给厨房生产人员带来一种压抑感，也不利于通风透气，并容易导致厨房内温度增高。反之，厨房过高，会使建筑装修、清扫、维修费用增大。依据人体工程学要求，根据厨房生产的经验，毛坯房的高度一般为4m左右，吊顶后厨房的净高度在3.5m左右。

2. 厨房的顶部

厨房的顶部可采用防火、防潮、防滴水的石棉纤维或轻钢龙骨板材料进行吊顶处理，最好不使用涂料。天花板也应力求平整，不应有裂缝。暴露的管道、电线容易积污积尘，甚至滋生蚊虫，不利于清洁卫生，要尽量遮盖。吊顶要考虑排风设备的安装，留出适当的位置，防止重复劳动和材料浪费。

3. 厨房的地面

厨房的地面通常要求防滑、耐磨、耐重压、耐高温和耐腐蚀。因此，厨房的地面处理有别于一般建筑的地面处理。厨房的地面应选用大、中、小三层碎石浇制而成，且地面要夯实。

厨房的地面和墙体还需在原有的基础上进行防水处理，否则易造成污水渗漏。现代厨房大多使用无釉防滑地砖、硬质丙烯酸砖和环氧树脂砖等。目前，饭店厨房地面一般都选用耐磨、耐高温、耐腐蚀、不积水、不掉色、不湿滑又易于清扫的防滑地砖。地面的颜色不能有强烈的对比色花纹，也不能过于鲜艳，否则易使厨房人员感到烦躁、不稳定，也易产生疲劳感。

4. 厨房的照明

厨房在生产时需要有充足的照明，特别是炉灶烹调，若光线不足，容易使员工产生疲乏劳累感，造成安全隐患，降低生产质量。烹调区域内的灯光，不仅要从烹调厨师正面射出，没有阴影，而且还要与餐厅的灯光保持一致，使厨师烹制的菜点色泽与宾客鉴赏的菜点色泽一样，一般不用荧光灯。厨房照明应达到10W/m²以上，主要操作台、烹调区的照明更要加强。

5. 厨房的噪声

噪声一般是指80dB以上的强声。厨房噪声的来源有排烟机、电动机、风扇、炉灶鼓风机的响声，还有搅拌机、蒸汽箱等发出的声音，其噪声在80dB左右。特别是在开餐高峰期，除了设备的噪声，还有人员的喊叫声。强烈的噪声不仅不利于身心健康，还容易使人性情暴躁，工作不踏实。解决厨房噪声的方法有以下几种。

（1）选用先进厨房设备，减少噪声。

（2）选用石棉纤维吊顶，起到消音作用。

（3）隔开噪声区，封闭噪声。

（4）维护保养餐车、运货车，减少运作时发出的声音。

（5）厨房人员尽量注意控制音量。

（6）留足空间以消除噪声。

6. 温度和湿度

（1）厨房的温度　厨房内较适宜的温度应控制在冬天22~26℃，夏天24~28℃。在厨房安装空调系统可以有效地降低厨房温度。在没有安装空调系统的厨房，也有许多方法可以适当降低厨房内的温度。比如，在加热设备的上方安装排风扇或吸油烟机；对蒸汽管道和热水管道进行隔热处理；尽量避免在同一时间、同一空间内集中使用加热设备；通风降温（送风或排风降温）等。

（2）厨房的湿度　厨房中的湿度过大或过小都是不利的。湿度过大，人易感到胸闷，有些食品原料易腐败变质，甚至半成品、成品质量也会受到影响；反之，湿度过小，厨房内的原料（特别是新鲜的绿叶蔬菜）易干瘪变色。一般情况下，厨房内的相对湿度不应超过60%。

7. 厨房的通风

随着科学技术的发展和厨房工作条件的改善，厨房通风应该包括送风和排风两方面。

（1）送风　包括全面送风和局部送风。

① 全面送风：利用中央空调直接将经过处理的新风送至厨房，并在厨房的各个工作点上方设置送风口，又称岗位送风。

② 局部送风：利用小型空调器对较小空间的厨房进行送风。例如，冷菜间利用壁挂式空调进行送风降温。有的厨房空间较大，也可采用柜式空调来达到送风、降温的目的。

（2）排风　厨房的排风是指利用排风设备将厨房内含有油脂异味的空气排出厨房，使厨房内充满新鲜、无污染的空气。

① 全面排风：利用空调系统的装置对厨房内空气进行处理，使厨房的湿度、温度、空气的新鲜度、空气的流速都控制在一定的范围内。

② 局部排风：指在厨房的主要加热设备（如炒灶、蒸灶、蒸箱、炖灶、油炸炉、烤炉等）上方安置排风设备，或在厨房的墙体上安置排风罩，以达到局部排风的目的。

③ 排油烟罩和排气罩：大部分厨房即使装有机械通风系统也不足以排出厨房烹调时所

产生的油烟、蒸汽，因而还必须为炉灶、油炸锅、汤锅、蒸箱、烤炉等设备安装排油烟罩或排气罩，将不良的气体及时排出厨房。

8. 厨房的排水

厨房排水系统要能满足生产中最大排水量的需要，并做到排放及时，不滞留。厨房排水，往往水中混杂油污，因此，要通过厨房内的排水沟连接建筑物下水道，排往建筑物外的污水池进行处理。

厨房的排水沟可采用明沟与暗沟两种方式。明沟是目前大多数厨房普遍采用的一种方式，优点是便于排水、冲洗，可有效防止堵塞；缺点是排水沟可能有异味散发在厨房内，有些厨房的明沟还是虫、蝇、鼠的藏身之地。因此，排水沟出水端应安装网眼面积小于1cm²的金属网，防止鼠虫和其他小动物的侵入。

暗沟是厨房排水的另外一种方式。暗沟多以地漏将厨房污水排出。地漏直径不宜小于15cm，径流距离不宜大于10m。采用暗沟排水，厨房显得更为平整、光洁，易于设备摆放，但管理不善导致管道堵塞时，疏浚工作相当困难。一些饭店在设计厨房暗沟时，在暗沟的某些部位安装热水龙头，厨房人员每天只需开启1~2次热水龙头，就能将暗沟中的污物冲洗干净。

值得注意的是，厨房的排水油污较重，必须经过处理才可排入下水道。处理的主要方法，就是厨房排水经隔油池过滤。隔油池的作用是将厨房污水中的油污部分及时隔断在下水道外面，从而保证排水的畅通。

七、厨房设备布局

厨房设备布局从某种意义上说也是生产流程的布局。由于每个厨房规模、经营性质的不同，在布局上也有着不同的要求。一个好的厨房必须是一个流程顺畅的布局与该厨房建筑结构的完美结合体。只有通过多方面的努力，才能使厨房布局尽可能地完善。

1. L型布局

L型布局（图2-1）通常将设备沿墙壁设置成一个直角形，把煤气灶、烤炉、扒炉、烤板、炸锅、炒锅等常用设备组合在一边，把另一些较大的如蒸锅、汤锅等设

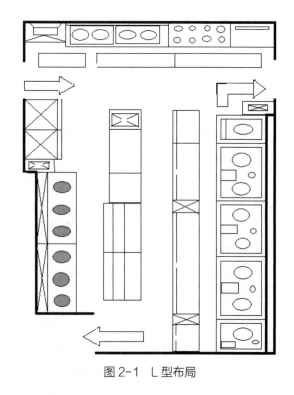

图2-1 L型布局

备组合在另一边，两边相连成一直角，集中加热排烟。当厨房面积、形状不便于设备做相背型或直线型布局时，往往采用L型布局。这种布局方式在一般糕饼房、面点生产间等厨房得到广泛应用。

2. U型布局

厨房设备较多而生产人员不多，出品较集中的厨房部门，可采用U型布局（图2-2），如点心间、冷菜间、火锅、涮锅操作间。将工作台、冰柜以及加热设备沿四周摆放，留一出口供人员、原料进出，便是U型布局。这样的布局，人在中间操作，取料操作方便，节省走动距离，设备靠墙排放，既平稳，又可充分利用墙壁和空间，显得更加经济和整洁。厨师、服务人员站在中间递送菜品、调节火候、提供服务，顾客围在四周涮食，既节省店方用工，也不会降低服务效率。

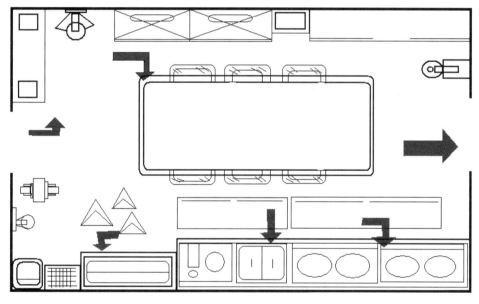

图 2-2　U型布局

3. 直线型布局

直线型布局（图2-3）适用于高度分工合作、场地面积较大、相对集中的大型饭店的厨房。所有炉灶、炸锅、蒸炉、烤箱等加热设备均为直线型布局。直线型布局，通常是依墙排列，置于一个长方形的通风排气罩下，集中布局加热设备，集中吸排油烟。每位厨师按分工相对固定地负责某些菜肴的烹调熟制，所需设备、工具均分布在其左右和附近，因而能减少取用工具的行走距离。与之相应地，厨房的切配、打荷、出菜台也直线排放，整个厨房整洁清爽，流程合理、通畅。但这种布局相对餐厅出菜，走的距离较长。因此，这种厨房布局大多服务于两端餐厅区域，两边分别出菜，这样可缩短餐厅跑菜距离，保证出菜速度。

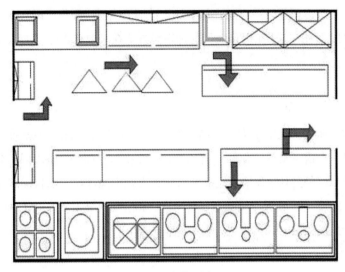

图2-3　直线型布局

4. 相背型布局

相背型布局（图2-4）是把主要烹调设备、烹炒设备和蒸煮设备分别以两组的方式背靠背地组合在厨房内，中间以一矮墙相隔，置于同一排油烟罩下，厨师相对而站，进行操作。工作台安装在厨师背后，其他公用设备可分布在附近地方。相背型布局适用于方块型厨房。这种布局设备比较集中，只使用一个排油烟罩，比较经济。但也存在着厨师分工不明确、操作不方便等缺点。

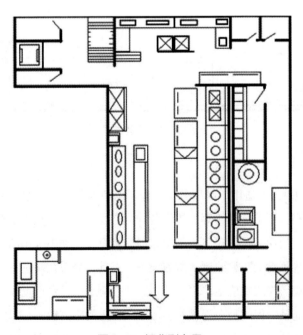

图2-4　相背型布局

任务 3 厨房操作间设计布局

◎ **任务驱动**

1. 中餐烹调厨房设计布局有哪些要求?
2. 掌握厨房操作间的设计布局。

◎ **知识链接**

一、合理设计厨房

第一，生产线畅通、连续、无回流现象。无论是中餐还是西餐生产，要从领料开始，经过初加工、切配与烹调等多个生产程序才能完成。因此，厨房的每个加工部门及部门内的加工点都要按照菜肴的生产程序进行设计与布局，以减少菜肴在生产中的囤积及菜肴流动的距离，减少厨师的体力消耗及单位菜肴的加工时间，减少厨房操纵设备和工具的次数等，充分利用厨房的空间和设备，提高工作效率。

第二，厨房各部门应设在同一楼层，这样可以方便菜肴生产和厨房管理，提高菜肴生产速度和保证菜肴质量。如果厨房确实受到地点的限制，其所有的加工部门和生产部门无法都在同一层楼内，可将其粗加工厨房、面点厨房和热菜厨房分开。但是，应尽量使它们在各楼层的同一方向，这样，可节省管道和安装费用，也便于用电梯把它们联系在一起，方便生产和管理。

第三，厨房应尽量靠近餐厅。厨房与餐厅的关系非常密切，因为菜肴的温度会受到厨房通往餐厅距离的影响。而且，厨房与餐厅之间每天进出大量的菜肴和餐具，厨房靠近餐厅可缩短两地之间的距离，提高工作效率。

第四，厨房各部门及部门内的工作点应紧凑，尽量减少它们之间的距离。同时，每个工作点内设备和设施的安装与排列也应当方便厨师工作，减少厨师的体力消耗。

第五，设有分开的人行道和货物通道。厨师在工作中常常接触炉灶、高温液体、锋利刀具等，如果发生碰撞，后果不堪设想。因此，为了厨房的安全，避免干扰厨师的工作，厨房必须设有分开的人行道和货物通道。

第六，创造良好、安全和卫生的工作环境。创造良好的工作环境是厨房设计与布局的基础。厨房工作的高效率来自良好的通风、温度和照明。同时，低噪声措施和颜色适当的墙壁、地面和天花板都是创造良好厨房工作环境的重要因素。此外，厨房应当购买带有防护装置的生产设备，有充足的冷热水和方便的卫生设施，并有预防和扑灭火灾的装置。

二、厨房操作间设计布局

厨房操作间是在大厨房即整体厨房涵盖下的小厨房概念，是厨房不同工种相对集中、合一的作业场所。也就是一般餐饮企业为了生产、经营的需要，分别设立的粗加工厨房、烹调厨房、冷菜厨房、面点厨房等。厨房操作间的设计就是对上述场所的设计。

1. 粗加工厨房间设计布局

（1）集中设计粗加工厨房的优点。

① 集中原料领购，有利于集中审核控制：厨房加工集中以后，各出品厨房根据销售量，定时将次日（或下一餐）所需要的加工净料，向粗加工厨房进行预约订料，再由粗加工厨房将各烹调厨房所订原料进行汇总，并根据各种原料的出净率和涨发率，折算成原始原料量，统一向采购部门和仓储部门申购或申领原料。这样做不仅简化了手续，节省了相应的劳动，更重要的是便于厨房管理者对原料的订购、领用进行集中审核，更有利于对原料的补充和使用情况进行控制。

② 有利于统一加工规格标准，保证出品质量：所有厨房的加工集中以后，首先将各出品厨房、各种原料的加工规格进行严格审定，继而对粗加工厨房厨师进行集中培训，让每位加工厨师都明确并掌握本饭店各种原料的加工规格。在日常生产操作中，再辅以督导检查。这样，可以保证各餐厅出品的同类菜肴都能做到形象一致，规格标准，为稳定和提高饭店出品质量创造了基础条件。

③ 有利于原料综合利用和进行细致的成本控制：加工集中以后，将原来各点直接订货，变成集中统一订货。这样，各点厨房原本难免出现的高价、高规格订货，就可能因集中订购、统一进货而使饭店减少购货成本支出。比如，烹调厨房A需订购鱼头；烹调厨房B需订购鱼划水（鱼尾）；烹调厨房C需订购鱼肉加工鱼片。如果分别订购，不仅采购单价高，而且货难买，采购工作量也大。而A、B、C三个厨房，如集中向粗加工厨房订货，粗加工厨房便可将所需原料进行归类整理，集中订购，既经济，又方便了采购，这样就切实做到了原料的综合利用。

原料集中加工，还有利于厨房统一进行不同性质原料的加工测试，如对干货进行涨发率的测试，对整鸡整鸭进行出净率的测试。通过加工测试，找出最为方便和高效的加工方法，并规定其加工程序。将各类加工原料按规定数量分装（有条件的配备真空包装机，对原料进行分装）并注明加工时间，对各烹调厨房原料领用情况及时进行准确的计算，这将为餐饮成本控制提供准确、可靠的依据。

④ 有利于提高厨房的劳动效率：将饭店所有加工统一集中以后，粗加工厨房的人员分别相对固定地从事某几种原料的涨发、切割或浆腌工作，技术专一，设备用具集中，熟练程度就会提高，厨房的工作效率也随之提高。

⑤ 有利于厨房的垃圾清运和卫生管理：目前，大部分烹饪原料市场仍处于初级阶段，缺乏系统管理和规范。因此，饭店为保证消费者利益，保全饭店声誉和影响，购进的原料几乎都是未经加工、鲜活完整的原始原料。这样，不仅给企业增加了巨大的加工工作量，而且随着原料加工的完成，各类垃圾也随之大量产生。如果各厨房分别进货，各自加工，整个厨房生产区域便显得杂乱不洁，给厨房卫生管理带来巨大困难。集中加工以后，加工过程中产生的垃圾便会得到有效的控制。这样，不仅保证厨房区域的卫生，也使卫生清洁方面的费用支出得到明显控制和降低。

（2）集中设计粗加工厨房的要求。

集中设计粗加工厨房，为厨房生产和管理带来很多便利。而要充分发挥粗加工厨房的作用，在对粗加工厨房进行设计时，必须符合以下要求。

① 应设计在靠近原料入口且便于垃圾清运的地方：粗加工厨房应靠近原料入口处或卸货平台，或将验收货物办公室综合设计在粗加工厨房的入口处，这样不仅可以节省货物的搬运劳动，还可以减少搬运原料对场地的污染，更可以有效地防止验收后的原料丢失或被调包。另外，粗加工厨房每天会产生若干垃圾，虽然这些垃圾在粗加工厨房被相对集中地储放于有盖的垃圾桶内，但随着垃圾的增多和厨师班次的交接，垃圾必须及时清运出店或转运至密封的垃圾库。因此，粗加工厨房应设计在便于垃圾清运而不影响、破坏饭店形象的地方。

② 应有加工全部生产原料的足够空间与设备：粗加工厨房集中了饭店所有原料的加工拣择、宰杀、洗涤、分档、切割、腌制以及干货涨发工作。因此，工作量和场地面积占用都较大。饭店生产及经营网点越多，分布越广，粗加工厨房的规模就越大。为了保持良好的工作环境，减少加工原料相互之间的污染，对不同原料的加工还应做到相对集中，适当分隔。为提高各种原料加工效率和达到相应规格所必需的设备，也应如数配备。

③ 粗加工厨房与各出品厨房要有方便的货物运输通道：粗加工厨房与各烹调厨房有方便、顺畅的通道或相应的运输手段是厨房设计不可忽视的。这不仅是提高工作效率、保证出品速度的需要，同时也是减轻劳动强度，方便大批量加工及成品运送的超大规模的需要。

④ 不同性质原料的加工场所要合理分隔，以保证互不污染：虽然各种性质的原料加工都会产生垃圾，加工后的原料也都需要经过洗涤才可用于切配，但不同性质的原料若互相混杂，不仅影响加工效率，而且被污染后的原料，洗除异味也相当困难。即使是洗净的加工原料，不严格分类摆放，也会产生污染。因此，对不同性质原料的加工用具、作业场所必须进行固定分工，才可能保证加工原料质量。同在粗加工厨房加工的原料，要特别注意水产宰杀时给时鲜果蔬带来的腥味污染，更要防止禽畜宰杀时羽毛给其他原料带来的污染。

⑤ 粗加工厨房要有足够的冷藏设施和对应的加热设备：粗加工厨房加工的原料，不仅种类多，而且数量大，各烹调厨房要货时间也不一定十分准确和固定。因此，作为备用原料和加工后原料的储存及周转，设计足够的冷藏（含一定量的冷冻）库是必要的。在一些大型餐饮活动之前，大量的加工原料必须及时放入冷库妥善保存，以保证质量和烹调厨房可随时

取用。因此，此前的粗加工厨房，原料和加工成品保质足量备存特别重要。其实，有些原料，经适当降温冷冻，加工也变得更加方便。

同时，粗加工厨房在加工工作中，有些干货原料的涨发和鲜活原料的宰杀、煺毛需要进行热处理，如大乌参涨发前要火烤，牛筋涨发要长时间焖焐，仔鸡宰杀要用开水烫煺毛，甲鱼要用热水处理以去除黑衣，黄鳝烫后才能划丝等。因此，在粗加工厨房的合适位置设计配备明火加热设备是十分必要的。

2. 中餐烹调厨房设计布局

中餐烹调厨房，负责将已经切割、浆腌的原料根据零点或宴会等不同出品规格要求将主料、配料和小料进行合理搭配，并在适当的时间内烹制成符合风味要求的成品，再将成品在尽可能短的时间内递送至宾客。因此，其设计必须符合以下要求。

（1）中餐烹调厨房与相应餐厅要在同一楼层　为了保证中餐烹调厨房的出品及时，并符合应有的色、香、味等质量要求，中餐烹调厨房应紧靠与其风味相对应的餐厅。尽管有些饭店受到场地或建筑结构、格局的限制，厨房的加工间或点心、冷菜、烧烤等的制作间，可以不与餐厅在同一楼层，但烹调间必须与餐厅在同一楼层。考虑到传菜的效率和安全，尤其是会议、团队等大批量出品，可能需用推车服务，因此，烹调厨房与餐厅应在同一平面，不可有落差，更不能有台阶。

（2）必须有足够的冷藏和加热设备　中餐烹调厨房的整个室温较高，这给原料的保质储存带来很多困难。因此，烹调厨房内用于配份的原料需随时在冷藏设备中存放，这样才能保证原料的质量和出品的安全。开餐间隙、开餐期间和开餐结束，调料、汤汁、原料、半成品和成品均需就近低温保藏。所以，设计、配备足够的冷藏设备是必需的。同样，烹调厨房承担着对应餐厅各类菜肴的烹调制作，因此，除了配备与餐饮规模、餐厅经营风味相适应的炒炉外，还应配备一定数量的蒸、炸、煎、烤、炖等设备，以满足出品需要。

（3）抽排烟气效果要好　中餐烹调厨房工作时间会产生大量的油烟、浊气和散发的蒸汽，如不及时排出，则在厨房内弥漫，甚至倒流进入餐厅，污染就餐环境。因此，在炉灶、蒸箱、蒸锅、烤箱等产生油烟和蒸汽设备的上方，必须配备一定功率的抽排烟设施，以创造清新的环境。

（4）原料传递要便捷　配份与烹调应在同一开阔的工作间内，配份与烹调之间距离不可太远，以减少传递的劳累。客人提前预订的菜肴在配置后，应有一定的工作台面或台架，以暂放待炒。不可将已配份的所有菜肴均转搁在烹调出菜台（打荷台）上，以免出菜秩序混乱。

（5）要设置急杀活鲜、刺身制作的场地及专门设备　随着消费者对原料鲜活程度和出菜速度、节奏的更加重视，客人所订、所点的海、河鲜等鲜活原料经鉴认后，大部分客人希望在很短的时间内烹饪上桌。因此，对鲜活原料的宰杀需要设计、配置方便操作的专用水池及工作台，以保证在开餐繁忙期间操作仍十分便利。

刺身菜肴的制作要求有严格的卫生和低温环境要求，除了在管理上对生产制作人员及其操作有严格的操作规范外，在设计及设备配备上也应充分考虑上述因素。设置相对独立的作业间，创造低温、卫生和方便原料储藏的小环境是十分必要的。

3. 冷菜、烧烤厨房设计布局

冷菜、烧烤厨房，一般由两部分组成：一部分是冷菜及烧烤、卤水的加工制作场所，另一部分是冷菜及烧烤、卤水成品的装盘、出品场所。通常情况下，泛指的冷菜厨房（俗称冷菜间）多为后者。由于进入冷菜间的成品都是用于直接销售的熟食或虽为生料但已经过泡洗腌渍等烹饪处理，符合食用要求的成品，所以，冷菜间的工作性质及其设计与其他厨房有明显不同的特点。

冷菜、烧烤厨房设计布局，除了方便操作、便利出品之外，还应注意执行《中华人民共和国食品安全法》和国家相关行业管理规范，创造安全、可靠的条件，切实维护消费者利益。

（1）应具备两次更衣条件　根据行业规范，为确保冷菜出品厨房内食品及操作卫生，要求冷菜出品厨房员工进入生产操作区内必须两次更衣。因此，在对冷菜出品厨房设计时，应采取两道门（并随时保持关闭）防护措施。员工在进入第一道门后，经过洗手、消毒、穿着洁净的工作服，方可进入第二道门，从事冷菜的切配、装盘等工作。

（2）设计成低温、消毒、可防鼠虫的环境　进入冷菜出品厨房的成品都是可直接食用、销售的食品，常温下存放极易腐败、变质。因此，冷菜出品厨房应设计有可单独控制的制冷设备，切实创造冷菜出品厨房总体温度不超过15℃的工作环境。同时，为了防止冷菜出品厨房可能出现的细菌滋生和繁殖，设计装置紫外线消毒灯等设备也是十分必要的（开启消毒灯时不可有人在场）。同时各类冷菜食品的味、香还对鼠、虫有极大诱惑力。因此，冷菜出品厨房的门窗、工作台柜等，均应紧凑严密，不可松动或留有太大缝隙，以防鼠、虫等侵袭。

（3）设计配备足够的冷藏设备　尽管冷菜出品厨房室温比较低，但将冷菜食品长时间直接放在这样的温度环境里也是不安全的。用于待装盘的成品，或消过毒的洁净生原料，在装盘前均应在冷藏冰箱或冷藏工作柜内存放，有些成品类（水晶）冻汁菜肴更应如此。因此，冷菜间应设计、配备足够的冷藏设备，以使各类冷菜分别存放，随时取用。烧烤、卤水成品在出品厨房的存放也应有特定条件和要求，根据有些地方客人的饮食习惯还需配备加热、烫制设备等。

（4）紧靠备餐间，并提供出菜便捷的条件　冷菜、烧烤、卤水成品无论在零点还是宴会的销售当中，总是首先出场登台的。管理严格的饭店，零点的冷菜、烧烤、卤水成品必须在客人点菜后5min（甚至更短的时间）内确保上桌。缩短冷菜出品厨房与餐厅的距离是提高上菜速度的有效措施。因此，冷菜出品厨房应尽量设计靠近餐厅、紧邻备餐间的地方。为了保证冷菜出品厨房的卫生，应减少非冷菜间工作人员进入。同时，也为了方便冷菜的出品，减少碰撞，冷菜出品应设计专门的窗口和平台。

4. 面点、点心厨房设计布局

面食、点心厨房设计，既要考虑到与烹调厨房相对合并，集中加热，以节省投资，便于安全管理，又要考虑到点心用料的特殊性和制作的精致性，同时还应考虑本地、本店面食、点心销售占餐饮销售的比例及面食、点心生产工作量的大小。综合考虑各方面因素，才可以对面食、点心厨房的大小，设备配备的规格、数量等进行具体设计安排。

（1）要单独分隔或相对独立　面食、点心生产、需求量很大的饭店，面食、点心厨房应尽量单独分隔设立。这样，既解决了红案的水、油及其他用具对面点原料、场地的干扰、污染问题，又便于点心生产人员集中精力进行生产制作。此外，独立的面食、点心厨房对红案、白案的设备专门维护、保养，明确、细化卫生责任，也有一定便利性。在北方，尤其是华北地区，面食在餐饮销售和宾客就餐食品中均占有很大比例，其花色品种繁多，制作程序复杂，动作幅度大，蒸煮锅灶大，因此，点心厨房（或称面点间）在设计上不仅要求有较大空间，还要求单独成室，独立作业。即使在餐饮生产及服务销售规模不是很大的饭店，点心生产任务相对较轻，在考虑点心加热设备与菜肴加热设备集中布局，部分设备综合使用的前提下，也应将面点制作的器具、设备相对集中，以缩短点心厨师走动的距离，方便控制、把握质量，提高效率。

（2）要配有足够的蒸、煮、烤、炸设备　点心多为客人菜余酒后的小食品，因此，成品大多制作精巧，可供玩味，更耐品赏。故而点心成品多由蒸、烤、炸等烹调方法烹制而成，因为这些烹调方法最能保持成品的造型和花纹，最能创造出精细、精美的效果。在进行烹调之前，点心的成形工艺，必须有对水、揉面、下剂、捏作等工序处理。所以，必须配备相应的工作台和和面、搅拌、压面等器械。面食、点心厨房大多还承担饭店米饭、粥类食品的蒸煮，所以蒸、煮用的蒸箱、蒸饭车或蒸汽锅也是不可或缺的。

除此之外，有些饭店还供应或奉送就餐客人糖水或甜品，以帮助客人果腹解酒。因此，点心间配备相应的矮身炉，用以熬、煲甜品或煎、烙春卷、饺子等产品也是很有必要的。

（3）抽排油烟、蒸汽效果要好　面食、点心厨房由于烤、炸、煎类品种占有很大比例，产生的油气较多，蒸制的面食品种也多，因此，需要排除的气体量相当大。所以，必须配备大功率的抽排油烟、蒸汽设备，以保持室内空气清新。

（4）要便于与出菜沟通，便于监控、督察　无论是零点还是宴会，点心往往独立生产制作。而具体何时熟制，何时出品常常不是很清楚。若是开餐繁忙时节，难免出现菜点出品断档的现象。因此，在设计时应考虑面食、点心厨房如何与备餐间、红案有机联系。比如，面点间门开在红案打荷的对面或紧挨着备餐间开门，以方便言语沟通等。另外，为方便管理，防止面食、点心厨房出现安全隐患或其他违纪现象，独立分隔的面点间还应安装大型玻璃门窗，以便于在室外进行监控和督察。

5. 西餐厨房、餐厅烹饪操作台设计布局

由于西餐的烹饪方法与成品特点等与中餐有明显的区别，因此，西餐厨房的设计布局也与中餐厨房不同。餐厅烹饪操作台是厨房工作在餐厅的延伸，也可以说是厨房工作部分被转移到餐厅进行，其具体表现形式通常有餐厅煲汤、汆灼时蔬、餐厅（包括自助餐厅）布置操作台、现场表演、制作食品等。此类热食明档、餐厅操作台的设计，不仅有厨房的烹调功能，而且更显著的特点是在餐厅操作。此类餐厅烹调设备比厨房用烹调设备更精致、美观和卫生。

（1）西餐烹调厨房设计　西餐烹调多以烤、扒、焖、炸、炒为主，多将各类原料单独烹制，配汁调味，分别装盘，尤为注重菜肴的成熟度。因此，西餐厨房的设计和设备配置与中餐烹调厨房有较大差异。目前，大部分宾馆、饭店的西餐厨房承担咖啡厅产品的生产任务，有些宾馆、饭店的西餐烹调厨房还兼宾客房内用餐产品的制作与出品。

西餐制作热菜有一类很有影响的厨房，称为西餐扒房。所谓扒房，主要因为该厨房设计在餐厅内，厨师在用餐客人面前现场制作，其菜品无论是鱼类，还是牛排、羊排等，多采用扒类烹调方法制作，故得名扒房。扒房的设计重在扒炉的位置，要既便于客人观赏，又不破坏餐厅整体格局，构成集餐厅生产、服务、销售为一体，融制作表演与欣赏品尝于一炉的特有氛围。扒炉上方多装有脱排油烟装置，以免煎扒菜肴时产生大量油烟浊气，污染、破坏餐厅环境。

（2）西餐冻房、包饼房设计。

① 西餐冻房设计：西餐冻房，即制作西餐冷、凉（未经烹调即可直接食用）、生食品的场所，与中餐冷菜厨房功能大致相同，完成冷头盘、沙拉、凉菜、果盘的制作与出品。因此，其室内温度、消毒环境以及其他设计要求都应与中餐冷菜厨房相仿，设备的选配及布局方式大体与中餐冷菜厨房相似，但也有特殊的方面。

② 西餐包饼房设计：西餐包饼有与中餐点心相近的功能，在餐食中的地位较高，客人对成品的挑剔程度也较高。包饼的食用场所，营业创收比例通常也较大。因此，西餐包饼房的设计不仅要留有足够空间，设备选配也要精致优良。

包饼房设计的总体原则是作业空间设计必须符合各类点心的加工流程，减少员工的工作距离，适应员工的工作姿势，只有这样才能提高效率，减少员工的体力消耗。除此之外，还应对设备开关装置和标志进行设计，使其方便操作。包饼房常用的设备布局方法有直线排列法、L型排列法、带式排列法、海湾式排列法、酒吧排列法、快餐厅排列法等。另外，包饼房的最佳温度应控制在17~20℃，噪声控制在40dB以下，工作台的照明度应达到400~3000lx，机械设备加工区照明应达到150~200lx，房屋的高度应在3.6~4m，一般不低于2.7m。

（3）餐厅烹饪操作台设计。

① 餐厅烹饪操作台的作用：在餐厅设计现场制作食品的烹饪操作台，对宣传餐饮产品和扩大产品销售，具有多方面的作用。

● 活跃餐厅气氛。客人来到餐厅用餐，除了满足果腹充饥的生理需要外，更多、更高层次的需求是为了沟通，为了交际。因此，沉闷的就餐环境很难满足客人的需求，而轻松、活跃的餐厅气氛受到客人普遍欢迎。餐厅的装修档次、色调、风格多已固定，对于经常光顾的客人已无新鲜感可言，因此，在餐厅陈列现场制作食品的烹饪操作台，给客人提供风味美食的同时，也使客人更加形象、直观、艺术地观赏到自己所需风味食品的制作过程，更加增添客人用餐的情趣。客人进食、交际的内涵在扩大，话题在增多，用餐的综合效果自然更好。

- 方便客人选用食品。客人的生活习惯不同、用餐经历不同，对食品的成品质量要求也不尽相同。零点菜品的客人可以通过向点菜服务员交代，以得到其想要的菜品。宴会客人在订餐时可以说明要求，以保证在用餐时各取所需。这两类经营都必须通过服务员传达客人的需求，才可能满足客人的需要。若中间环节沟通不畅，或出现偏差，客人便很难如愿。餐厅设档，现场制作，客人既可通过服务员即刻转达对食品的要求，又可以在观赏现场制作的同时，直接向现场制作的厨师提出具体要求。

- 宣传饮食文化。饮食文化是众多消费者共同感兴趣的精神享受。中国饮食文化更是博大精深、奥妙无穷。餐厅设计烹饪操作台现场制作，将传统习惯上只在厨房区域制作的工艺，尤其是后期熟制成品阶段的工艺移至餐厅，在宾客面前现场制作，这不仅让消费者直观地了解自己所需菜点的制作工艺，更增添其用餐情趣，增加其消费感受，而且使烹饪技艺在尽可能广的范围内得以发扬光大。客人更加全面细致地了解、认识产品，更加形象、立体地记忆，乃至宣传产品。对客人来说，可以将用餐当成一种趣味投资，对感兴趣的菜点可以回去仿制；对饭店来说，不仅对社会做了应有的贡献，更对社会的潜在市场做了广泛的宣传、动员。

- 扩大产品销售量。餐厅设档，现场制作，在渲染气氛的同时，更吸引了就餐宾客的注意力，一些玲珑精美、色形诱人、香气四溢的菜点很快激起客人的购买欲望，尝试消费和效仿消费将为现场制作产品打开销路。产品自身的优势和魅力在后续消费中将发挥更大的作用。

- 控制出品数量。通常情况下，厨房出品越多，意味着销售越旺，饭店受益越多。而在标准既定的自助餐销售中，此情况并不尽然。标准确定的自助餐菜点品种安排和数量的准备是有一定比例的。这里既要有足够、不同类别品种的食品供客人各取所需，又要有一定数量、比例、消费者公认的高档食品以吸引顾客，给宾客物有所值的感觉，还要考虑饭店应得的经济效益和客人对高档食品取食之间的平衡性。因此，在自助餐开餐服务期间，对计划内出品、可能引起客人普遍需求的食品，要进行有技巧的服务，以起到尽可能满足客人需要而不突破成本的效果。在餐厅设档采取现场制作、现场分派的方式，让需要同类菜点的客人自觉排队，一次限量服务，是达到上述目的有效而不失体面的做法。对一些不一定限量，而制作成本较高，可能因客人一次取量较多而食用不尽、导致浪费的菜肴，采取现场制作、切割或现场服务，也可以起到控制生产出品数量、控制食品成本的效果。

②餐厅烹饪操作台的设计要求：餐厅烹饪操作台（特别是自助餐设现场操作台），由于其位置和作用的特殊性，设计要求与普通厨房不同。

- 设计整齐美观，无后台化处理。烹饪操作台设计在餐厅，整个设计（包括现场操作人员）就成了餐饮产品的一部分。除了生产制作人员要卫生整洁、着装规范、操作熟练外，还需要整齐别致，起到美化餐厅的作用。餐厅操作台虽然与厨房烹制、切割一样，需要一系列刀具、用具，会出现零乱现象，会有垃圾产生，但在设计时应力求完美，将不太雅观的操作及器皿进行适当遮挡，使操作台既便利操作，功能齐全，流程顺畅，又不破坏餐厅的格调气氛，不会有碍观瞻。

- 操作简便安全，同时易于观赏。在餐厅设计、布置烹饪操作台，有时是为了一段时间的需要，有时是为了一种活动需要，总之，大多不是长久之计。因此，制作操作台，无论是用材还是制作工艺，应相对简便，便于调整和重复使用。在设计制作简便的同时，不可忽视安全因素。在餐厅生产、在宾客面前操作，不仅要注意生产人员的安全，更要注意在操作台附近观赏的客人的安全。对可能出现的溅烫、粘油、烟雾等污染、伤害宾客的现象，都要进行妥善设计，防止此类现象的发生。

- 餐厅的烹饪操作台要设计得便于客人观赏，对关键、精彩的操作场面要尽量充分展示在客人视线范围以内。将操作演示的正面设计成面向大多数宾客的角度，尽可能使用餐的客人想观赏时都能如愿。

- 控制油烟、噪声，力求不打扰客人。无论是在餐厅的操作台上煎蛋、煎饺，还是烙饼、煮面条、灼时蔬，都需要在设计时充分考虑油、蒸汽和噪声的处理，创造和保持良好的就餐环境。因此，在餐厅烹饪操作台的上方应设有抽排油烟设备。临时陈设餐厅操作台也应选择在餐厅回风口或餐厅空气流动中不易向宾客集中处吹风的下风区域。同时，餐厅现场操作，尤其是加热设备，要避免选用振动大、噪声高的器具，防止产生不悦耳的杂声，破坏就餐环境。

- 菜品相对集中，便于宾客取食。餐厅，尤其是自助餐的现场操作台，在选择设备位置时，应考虑除了醒目、便于宾客观赏、方便抽排油烟外，还要尽可能安排在靠近厨房、便于客人取用的地方。即使由服务人员根据客人需要代为取食，也要顺道递送，节省劳动。同时，这也方便了与厨房的联系。在自助餐厅设置现场操作台，应考虑尽量靠近食品餐台，使宾客在取自助菜点的同时，兼顾点用或顺便选取明档食品，缩短客人的取菜距离，减少餐厅的人流。

■ **思考题**

1. 什么是厨房设计布局？
2. 厨房布局安排有哪些要求？
3. 厨房设计布局有哪些原则？
4. 厨房设计布局类型有哪些？
5. 中餐烹调厨房设计布局有哪些要求？
6. 厨房的位置应怎样确定更为合理？
7. 厨房环境设计应从哪些方面入手？

项目 **3**

—— 项目 ——

厨房机构设置与人力配置

◎ **学习目标**

1. 了解厨房机构设置的原则。

2. 熟悉厨房组织机构设置。

3. 了解厨房各部门职能及总厨师长岗位职责。

4. 掌握厨房员工评估和激励的方法,理解厨房员工培训的必要性。

◎ **学习重点**

1. 厨房各部门职能。

2. 厨房员工评估和激励方法。

任务1　厨房机构设置

◎ 任务驱动

厨房机构设置原则有哪些？

◎ 知识链接

一、厨房机构设置原则

只有管理风格、隶属关系、经营方式和品种几乎一样的餐饮企业的厨房，其机构才是基本一致的，比如必胜客、大娘水饺连锁店的厨房机构是基本相似的。绝大部分餐饮企业的厨房机构大相径庭，这也是理所应当的，因为各餐饮企业的经营风味、经营方式和管理体系不尽相同。正因为如此，不同餐饮企业在确立厨房机构时不应简单模仿，不能生搬硬套，要充分考虑和力求遵循机构设置的原则。

1. 以满负荷生产为中心的原则

在充分分析厨房作业流程、统观管理工作任务的前提下，应以满负荷生产、厨房各部门承担足够工作量为原则，因实按需设置组织层级和岗位。机构确立后，本着节约劳动的原则，核计各工种、岗位劳动量，定编定员，杜绝人浮于事，保证组织精练、高效。

2. 权责相当的原则

在厨房组织机构的每一层级都应有相应的权力和责任。必须树立管理者的权威，赋予每个职位以相应的职务权力。有一定的权力是履行一定职责的保证，有权力就应承担相应的责任。责任必须落实到各个层次及相应的岗位，必须明确具体。要坚决克服"集体承担、共同负责"而实际上无人负责的现象。一些高技术、贡献大的重要岗位，比如厨师长、头炉等，在承担菜肴开发创新、成本控制等重要任务的同时，应该有与之相对应的权力及利益所得。

3. 管理跨度适当的原则

管理跨度是指一个管理者能够直接有效地指挥控制下属的人数。通常情况下，一个管理者的管理跨度以3~6人为宜。影响厨房生产管理跨度大小的因素主要有以下三点。

（1）作业形式因素　集中作业比分散作业的管理跨度大些。

（2）层次因素　厨房内部的管理层次要与整个餐饮企业相吻合，层次不宜多。厨房组织机构的上层，创造性活动较多，以启发、激励管理为主，其管理跨度可略小；基层管理人员与厨房员工沟通和处理问题比较方便,应身先士卒,以指导、带领员工操作为主,其管理跨度可适当增大,一般可达10人左右。中、小规模厨房,切忌模仿大型厨房设置行政总厨之类。机构层次越多,工作效率越低,差错率越高,内耗越大,人力成本也就居高不下。中、小规模厨房机构的正规化程度不宜太高,否则管理成本也会无端增大。

(3)能力因素 管理者自身工作能力强,下属自律能力强、技术熟练稳定、综合素质高,管理跨度可大些;反之,管理跨度就要小些。

4. 分工协作的原则

烹饪生产是由诸多工种、若干岗位、各项技艺协调配合进行的,一个环节的不协调都会给整个生产带来影响。因此,厨房的组织机构要按有利于分工协作的原则设置。同时,厨房各部门要强调自律和责任心,不断钻研业务技能,要培训员工一专多能,强调谅解、合作与互补。在生产繁忙时期,更需要员工发扬团结一致、协作配合的精神。

二、厨房组织机构设置

餐饮规模、厨房面积、结构、功能、管理风格等的不一致,决定了各餐饮企业厨房的机构也不尽相同。分清并把握厨房各部门、各工种的职能,是进行厨房机构设置的前提。机构设置的结果,则多以组织机构图的形式体现。其中的关键是将机构设置的原则,有机地与本餐饮企业类型、档次及其厨房现状相结合,力求有创意地设计出方便管理、节省人力、全面系统的厨房组织机构。

任务 2 厨房机构职能与岗位职责

◎ 任务驱动

1. 厨房各部门有何职能?
2. 总厨师长岗位职责是什么?

◎ 知识链接

一、厨房各部门职能

厨房组织机构确定后,厨房内部各部门的工作分工便更加清晰。厨房的职能随餐饮企业规模的大小和经营风味、风格的不同而有所区别。大型、综合型餐饮企业的厨房规模大、联系广，各部门功能比较专一。

1. 加工部门

加工部门是原料进入厨房的第一生产岗位，主要负责将蔬菜、水产、禽畜、肉类等各种原料进行拣择、洗涤、宰杀、整理，即所谓的初加工；干货原料的涨发、洗涤、处理也在初加工范畴。现代厨房明显强化加工厨房的职能，在对原料进行初加工的基础上，它还根据规格要求负责对原料进行刀工切割处理，并做预制浆腌，这又被称为深加工或精加工。这样，在整个厨房生产当中，刀工处理的工作，基本在加工部门得以完成。鉴于加工部门工作量的增大，对各个配份、烹调部门有着基础、长远的影响，加工部门又被称为加工厨房，甚至称作主厨房或中心厨房。在连锁、集团餐饮企业，加工部门的职能还要扩大一些，比如将一些原料在加工、调味的基础上，按规格要求真空包装，以送达各连锁销售点后直接用于烹调、销售。因此，有些连锁、集团餐饮企业须在加工厨房的基础上，建立（加工）配送中心，或称为切配中心。

2. 配菜部门

配菜部门又称砧墩或案板切配，负责将已加工的原料按照菜肴制作要求进行主料、配料、料头（又称小料，主要是配到菜肴里起增香作用的葱、姜、蒜等）的组合搭配。由于这里使用的原料都是净料，而且直接决定每道菜、每种原料的投放数量，因此，对原料成本控制起着举足轻重的作用。有些小规模的餐饮企业、生产量不大的厨房，其配菜部门又称切配部门。即加工部门只负责对各种原料进行初步加工、洗涤、整理，而原料的切割、浆腌等刀工处理、精细加工连同配菜则由此部门完成，它在所有生产中起着加工与炉灶烹调间的桥梁、纽带作用。

3. 炉灶部门

需要经过烹调才可食用的热菜，都需炉灶部门处理。炉灶部门负责将配制完成的组合原料，经过加热、杀菌、消毒和调味，使之成为符合风味、质地、营养、卫生要求的成品。该部门决定成菜的色、香、味、质地、温度等，是厨房开餐期间最繁忙，也是对出品质量、秩序影响最大的部门。

4. 冷菜部门

冷菜部门负责冷菜（也称凉菜）的刀工处理、腌制、烹调及改刀装盘工作。冷菜与热菜的制作、切配程序不完全一致，冷菜大多先烹调后配份、装盘。因此，它的生产、制作与切配、装盘是分开进行的。冷菜的切配、装盘场所特别，要求低温、无菌，员工及其操作的卫生要求也相当高。根据地域、饮食习惯和文化差异，有些地方冷菜品种很少，而消费者更喜欢食用烧烤、卤水菜肴或沙拉等品种，这些菜品通常也多作为类似冷菜功能的前菜或开胃菜出品。

5. 点心部门

点心部门主要负责点心的制作和供应。中餐广东风味厨房的点心部门还负责茶市小吃的制作和供应。有的点心部门还兼管甜品、炒面类食品的制作。西餐点心部门又称包饼房，主要负责各类面包、蛋糕、甜品等的制作与供应。

二、总厨师长岗位职责

职责提要：负责整个厨房的组织、指挥、运转管理工作；通过设计、组织生产，提供富有特色的菜点产品吸引客人；进行食品成本控制，为企业创造最佳的经济效益。

具体职责：

● 组织和指挥厨房工作、监督食品制作，按规定的成本生产优质产品。

● 根据餐饮部的经营目标、方针及其下达的生产任务，负责制定发展计划，设计各类菜单，并督促菜单更新。

● 根据各工种、岗位生产特点和餐厅营业状况，编制工作时间表，检查下属对员工的考勤考核工作，负责对直接下属的工作表现进行评估。

● 协调厨房与其他部门之间的关系，根据厨师的业务能力和技术特长，决定各岗位的人员安排和工作调动。

● 根据餐饮企业总体工作安排，计划并组织实施厨房员工的考核、评估工作，对下属及员工发展作出计划。

● 督导厨房管理人员对设备、用具进行科学管理，审定厨房设备用具更换添置计划。

● 审定厨房各部门的工作计划、培训计划、规章制度、工作程序和生产作业标准。

● 负责菜点出品质量的检查、控制，为重要顾客亲自进行菜肴烹制。

● 定期分析、总结生产经营情况，改进生产工艺，准确控制成本，使厨房的生产质量和效益不断提高。

● 负责对餐饮企业贵重食品原料的申购、验收、领料、使用等情况进行检查控制。

● 主动征求客人以及餐厅对厨房产品质量和供应方面的意见，督导实施改进措施；负责处理客人对菜点质量方面的投诉。

● 参加企业及餐饮部召开的有关会议，保证会议精神的贯彻执行。

● 督导厨房各岗位保持整齐清洁，确保厨房食品、生产及个人卫生，防止食物中毒事故的发生。

● 检查厨房安全生产情况，及时消除各种隐患，保证设备设施及员工的操作安全。

● 审核、签署有关厨房工作方面的报告。

三、加工厨房岗位职责

1. 加工厨师长岗位职责

职责提要：全面负责中、西餐加工厨房的组织管理工作，保证及时向各烹调厨房提供所需的、按规格加工生产的各类烹饪原料。

具体职责：

● 检查加工原料的质量，根据客情及菜单要求，负责加工厨房各岗位人员的安排和生产组织工作。

● 收集、汇总各厨房所需的加工原料，具体负责向采购部门订购各类食品原料。

● 检查原料库存和使用情况，并及时向总厨师长汇报，保证厨房生产的正常供给和原料的充分利用，准确控制成本。

● 检查督导并带领员工按规格加工各类原料，保证各类原料加工及时，成品合乎要求。

● 主动征询各厨房对原料使用的意见，不断研究和改进加工工艺；对新开发菜肴原料的加工规格进行研究和规定。

● 检查下属的仪表仪容，督促各岗位搞好食品及加工生产的卫生。

● 负责加工厨房员工的考核、评估，协助总厨师长决定其奖惩。

● 督导员工检查维护各类加工设备，并对其维修保养和添置提出意见。

● 制订加工厨房员工培训计划，并组织实施。

2. 加工领班岗位职责

职责提要：协助加工厨师长负责加工厨房的管理工作，带领员工按规格加工各烹调厨房所需各类烹饪原料，并保证及时有序发货。

具体职责：

● 根据生产需要，负责安排择菜、水台、切割、上浆等岗位工作，保证加工原料的供给。

● 根据原料的质地、性能，带领员工进行合理分割，严格按规格加工、切割，努力提高出净率，准确控制成本。

● 严格检查每天宴会菜单、自助餐菜单及各厨房原料申订情况，确保加工生产的各类原料没有遗漏。

● 协助加工厨师长负责检查冷库原料，合理申购原料；协助把好原料进货的质量和数量关，杜绝浪费。

● 安排员工值班、轮休，协助加工厨师长负责本组员工工作表现的考核和评估。

- 检查员工的仪表仪容及个人和包干区卫生，督促员工做好收尾工作。
- 督导员工做好加工设备的维护保养工作。

3. 切割浆腌厨师岗位职责

职责提要：负责蔬菜、家禽、家畜、水产品的加工、切割、上浆等工作，保证及时向各烹调厨房提供合乎质量标准和需求数量的加工成品原料。

具体职责：

- 了解客情和菜单，负责备齐切割、浆腌原料。
- 负责按加工规格要求对原料进行切割、浆腌（上浆、腌制）。
- 与各烹调、出品厨房配份、点心及冷菜等岗位密切联系，保证提供的加工原料及时适量，不断改进加工工艺，提高出净率。
- 及时清运垃圾，保持本岗位卫生整洁。
- 正确使用和维护所用器械设备，妥善保管加工用具。
- 及时、妥善保藏未加工及加工好的原料，杜绝浪费。
- 负责每日各点所需已加工原料的发放。
- 负责每日菜肴盘饰用品的加工雕刻工作。

4. 初加工员岗位职责

职责提要：负责家禽、家畜、水产、蔬菜等原料的初步整理、洗涤、宰杀等加工工作，并负责厨房区域地面、墙壁的清洁卫生工作。

具体职责：

- 在加工厨师的指导安排下，具体负责食品原料的初步加工整理工作。
- 负责将蔬菜原料按规格要求去皮、筋、枯叶、虫卵等杂物，洗涤干净。
- 负责将禽畜、鱼虾水产类原料按规格去净羽毛、鳞壳、脏器等杂物，洗涤干净。
- 认真钻研加工业务，努力提高出净率，保证加工原料符合营养卫生及烹制菜肴的规格质量要求。
- 主动打扫，并保持厨房区域地面及墙壁的清洁和干爽。
- 妥善保管加工用具，保持本岗位使用设备用具的卫生整洁。

四、中餐厨房岗位职责

1. 中餐厨师长岗位职责

职责提要：协助总厨师长，全面负责中餐厨房零点菜点的生产管理工作，带领员工从事菜点生产制作，保证向客人及时提供达到规定质量的产品。

具体职责：

- 协助总厨师长做好零点厨房的组织管理工作。
- 安排零点厨房的生产，检查并督促切配、炉灶、冷菜、点心等各岗位按规定的操作程序进行生产。
- 与总厨师长一起编制零点菜单，协助总厨师长制定菜肴规格和制作标准；向采购部门提供所用原料的规格、标准；参与研究开发新品菜点，计划食品促销活动。
- 督导下属按工作标准履行岗位职责，主持高规格以及重要客人菜点的烹制工作，带头执行各项生产规格标准。
- 具体负责预订及验收零点厨房每天所需原材料，负责原料、调料领用单的审签。
- 负责协调零点厨房各班组的工作，负责对下属进行考勤考核，根据其工作表现向总厨师长提出奖惩建议。
- 督导零点厨房各岗位搞好环境及个人卫生，防止食物中毒事故的发生。
- 负责拟订零点厨房员工的业务培训计划，报请总厨师长审定并负责实施。
- 负责零点厨房所有设备、器具正确使用情况的检查与指导，填写厨房设备检修报告单，保证设施设备良好运行。
- 根据总厨师长的要求，负责制订零点厨房年度工作计划。

2. 中餐炉灶领班岗位职责

职责提要：带领本组员工及时按规格烹制中餐各类菜肴，安排打荷工作，做到出品质量稳定，风味纯正，前后有序。

具体职责：

- 了解营业情况，熟悉菜单，合理调配打荷、炒灶、汤锅、油锅、蒸笼等各岗位工作。
- 负责调制本厨房所有烹调菜肴的调味汁（芡汁、酱汁等），确保口味统一；督促打荷备齐各类餐具，准确及时安排员工做好开餐前的准备工作。
- 带领员工按规格烹调，与切配领班密切合作，保证生产有序，出品优质及时。
- 负责检查炉灶烹制出品的质量，检查盘饰的效果，妥善处理和纠正质量方面的问题。
- 督导本组员工节约能源，合理使用调料，降低成本，减少浪费。
- 安排本组员工值班、轮休，负责本组员工工作表现的考核、评估。
- 检查员工的仪表仪容及个人和包干区卫生，督促员工做好收尾工作。
- 负责炉灶员工菜肴烹制技术的培训与指导工作。
- 负责检查员工对设备及用具的维护和保养情况，对需要修理或添补的设备和用具提出报告和建议。

3. 中餐切配领班岗位职责

职责提要：带领本组员工按规格切配各类中餐菜肴，保证炉灶烹调的顺利进行。

具体职责：

● 根据中餐营业情况和菜单，合理分配本组员工从事各项切配工作。

● 负责检查每日冰箱及案板工作柜中原料的库存数量和质量，准确申订原料并充分利用剩余原料。

● 督导员工按规格切配，合理用料，准确配份，准确控制成本，保证接收订单与出品有条不紊。

● 负责对本组员工进行工作安排，并对其工作表现进行考核、评估。

● 督导本组员工搞好与炉灶厨师的关系，把握出品节奏与顺序，理顺工作秩序。

● 检查员工的仪表仪容及个人和包干区卫生，督促员工做好收尾工作。

● 督导员工做好设备、用具的维护保养和保管工作。

● 检查常用储备原料的库存数量，及时补充订货。

● 根据营业情况，每天及时、准确对次日所需原料进行预订。

4.　中餐冷菜领班岗位职责

职责提要：组织安排本组员工按规格加工制作中餐各类风味纯正的冷菜，保证出品及时有序。

具体职责：

● 根据正常营业情况和中餐冷菜菜单，合理安排本组员工工作；遇有大型宴会活动，主动与宴会厨师长协调，分担冷菜制作与出品工作。

● 负责安排冷菜原料申领、加工和烹调工作。

● 督导员工按规格加工制作冷菜，保证出品冷菜的口味、装盘形式等合乎规格要求；负责制作冷菜所需的调味汁。

● 每天检查冰箱内的冷菜质量，力求当天制作冷菜当天出售，严把冷菜质量关。

● 自觉钻研，适时推出新品冷菜。

● 负责对冷菜装盘形式和重量进行检查，准确控制冷菜成本。

● 每天检查所用冷藏设备运转是否正常，发现问题及时报修。

● 合理安排本组员工值班、轮休，确保生产及出品得以正常进行；负责本组员工工作表现的考核、评估。

● 检查员工的仪表仪容及个人和包干区卫生，确保食品卫生、安全，督促员工做好收尾工作。

5.　中餐点心领班岗位职责

职责提要：负责中餐点心单的制定以及点心间的生产管理工作，带领本组员工制作、出品风味纯正的中餐点心。

具体职责：

- 制定中餐点心单以及点心制作规格标准，报厨师长审批后督导执行，定期推出新品种点心。
- 负责安排原料的申领、加工，掌握客情，根据菜单做好开餐的准备和收尾工作。
- 检查冰箱及工作台冷柜原料的贮藏情况，确保原料质量，杜绝浪费。
- 负责检查各种馅料的配比、口味，严格把好质量关。
- 带领员工按规定操作程序和质量标准，加工制作早餐及午、晚餐各类面点；做到点心出品质量达标，准确及时；节约使用原料，控制点心成本。
- 主动与热菜厨房等岗位协调，合理调配、安排大型活动点心的生产与出品工作。
- 安排本组员工值班、轮休，负责本组员工工作表现的考核、评估。
- 督导维护和保养设备，负责对面点生产所需设备、器具的添补和维修提出建议和报告。
- 检查员工的仪表仪容及个人和包干区卫生，督促员工做好收尾工作。

五、宴会厨房岗位职责

1. 宴会厨师长岗位职责

职责提要：在总厨师长的领导下，主持宴会厨房的日常生产及管理工作；协助总厨师长负责宴会菜单安排和生产组织，向客人提供优质宴会菜点，以创造最佳的效益。

具体职责：

- 负责宴会厨房生产计划的安排，检查并协调炉灶、案板、冷菜及点心各班组宴会菜点的生产和出品工作，保证宴会的顺利开餐。
- 负责不同规格宴会标准菜单的制定工作，并针对不同客源，负责临时或特殊客情宴会菜单的制定工作。
- 根据宴会菜单，负责审签原料申购和领用单，检查领取原料的质量和数量，保证宴会菜肴所用原料都达到规定的质量要求。
- 制订并督导执行宴会菜肴规格，负责菜点制作过程中的质量控制工作，确保出品符合规格质量要求。
- 虚心听取顾客的意见和要求，不断提高菜点的质量；设计、创新菜式，适时翻新变更宴会菜单。
- 根据宴会工作任务，合理安排员工工作，确保出品的质量和速度都得到有效控制。
- 对下属不断进行业务指导，并组织实施各项技术培训；负责对下属进行工作评估，并向上级提出奖惩建议。
- 负责督促员工做好本范围内工具、设备、设施的正确使用、清洁和维护保养工作；督促员工做好工作区域的清洁卫生工作。

2. 宴会厨房领班岗位职责

职责提要：带领本组员工及时按规格生产出品宴会的各类菜肴，安排打荷工作，做到出品质量稳定，风味纯正，前后有序，不断提高菜品规格质量。

具体职责：

- 了解营业情况，根据菜单，合理安排切配、打荷及炉灶等岗位工作。
- 带领员工备齐宴会菜肴原料，检查落实冷菜及点心的生产和提供工作，督促打荷根据宴会菜单备齐各类餐具，做好开餐前的准备工作。
- 督导盘饰工作，检查宴会菜肴的出品质量，保证出品合乎规格要求。
- 安排员工值班、轮休，负责对员工进行考核和评估。
- 主动征询意见，提高出品质量，积极开展菜肴创新活动，适时调整宴会菜单。
- 检查员工的仪表仪容及个人卫生和包干区卫生，督促员工做好收尾工作。
- 带头维护和保养宴会厨房设备，对所需维修或添补设备及用具提出报告或建议。
- 负责对宴会厨师进行菜肴生产技术的培训与指导。

3. 宴会炉灶厨师岗位职责

职责提要：负责宴会菜肴的烹制出品工作，保证向顾客及时提供标准一致、风味纯正的宴会菜肴。

具体职责：

- 了解客情及菜单内容，负责蒸锅、油锅、烤箱、炉灶等的烹调准备工作。
- 负责原料焯水、过油等初步熟处理及耐火原料的预先烹制工作，确保各类宴会准时起菜。
- 及时、按规格烹制宴会菜肴，保证出品符合规格质量要求。
- 保持个人、工作岗位及包干区的卫生整洁，做好收尾工作。
- 妥善保管宴会所剩的各种成品和半成品，并妥善保管、使用。
- 维护、保养、规范使用各种设备及其用具。

4. 宴会切配厨师岗位职责

职责提要：负责宴会菜肴的切配工作，保证及时向炉灶提供合乎配份规格的菜品。

具体职责：

- 根据客情，领取备齐菜单所需的各种原料。
- 按宴会规格标准进行切配工作，保证主、配料和料头齐全，分量准确。
- 根据菜肴要求，负责将耐火原料提前送至炉灶烹调。
- 搞好收尾工作，妥善保存各类成品和半成品；分类整理并保管好各类用具。
- 保持个人和工作岗位及包干区的卫生整洁。
- 正确使用和维护器械用具，保持其完好整洁。

六、西餐厨房岗位职责

1. 西餐厨师长岗位职责

职责提要：协助总厨师长全面负责西餐厨房的生产管理工作，带领员工从事菜肴生产及包饼制作，保证向顾客及时提供达到规定质量的产品。

具体职责：

- 协助总厨师长做好西餐厨房人员及生产的组织管理工作。
- 根据总厨师长要求，制定年度培训、促销等工作计划。
- 负责咖啡厅厨房及西餐厨房人员的调配和班次的计划安排工作。
- 根据厨师的技艺专长和工作表现，合理安排员工的工作岗位，负责对下属进行考核评估。
- 负责制定西餐菜单，对菜品质量进行现场指导把关。
- 根据菜单，制定菜点的规格标准；检查库存物品的质量和数量，合理安排、使用原料；审签原料订购和领用单，把好成本控制关。
- 负责指导西餐厨房领班工作，搞好班组间的协调工作，及时解决工作中出现的问题。
- 负责西餐厨房员工培训计划的制定和实施；适时研制新的菜点品种，并保持西餐的风味特色。
- 督促员工执行卫生法规及各项卫生制度，严格防止食物中毒事故的发生。
- 负责对西餐厨房各点所有设备、器具的正确使用情况进行检查与指导，审批设备检修报告单。
- 主动与餐厅经理联系，听取顾客及服务部门对菜点质量的意见；与采购供应等部门协调关系，不断改进工作。
- 参加餐饮部门有关会议，贯彻会议精神，不断改进、完善西餐生产和管理工作。

2. 西餐领班岗位职责

职责提要：负责西餐厨房及咖啡厅厨房菜肴生产及管理工作，保证向客人及时提供优质的西餐菜肴。

具体职责：

- 协助厨师长做好西餐厨房及咖啡厅厨房各岗位的协调、组织管理工作。
- 协助西餐厨师长制定各类西餐菜单、菜肴制作规格及工作程序和标准。参与制定自助餐菜单，研究开发特选菜品。
- 检查、督导员工按标准加工、切配、烹制菜肴。
- 具体负责每日所需原料的预订和进入厨房原料质量的检查工作。

- 督促检查员工的仪表仪容、个人卫生及包干区卫生，做好收尾工作。
- 安排员工值班、轮休，督促做好各班次间的交接工作。
- 负责对属下岗位员工工作表现进行考核和评估，向厨师长提出奖惩建议。
- 实施对下属员工的技术培训。
- 带领下属做好设备的维护保养工作。

3. 西餐炉灶厨师岗位职责

职责提要：负责西餐及客房用餐菜肴的烹制与出品工作，保证出品及时并合乎色、香、味等风味质量要求。

具体职责：

- 根据营业情况和客情通知，负责熬制开餐所需汤汁。
- 及时补充调制各类热汁沙司，保证满足开餐需要。
- 根据订单，有序烹制客人所点各种热菜，并及时提供出品。
- 妥善保藏各种调料及食品，确保食品卫生，做好开餐准备及餐后收尾工作。
- 维护保养各种烹调设备，合理使用和保管各种用具。
- 保持个人、工作岗位、设备用具及包干区的卫生整洁。

4. 西餐切配厨师岗位职责

职责提要：负责西餐及客房用餐菜肴的配份与排菜工作，与炉灶配合，保证出品及时有序。

具体职责：

- 根据营业情况和客情通知，负责领取、备齐各类已加工原料。
- 负责备齐各类开餐切配用盛器，清洁工作台，做好开餐的准备工作。
- 根据订单、宴会菜单和出品次序，分别进行菜肴配份，并及时分派给炉灶烹调。
- 妥善保藏各种原料，清理工作区域，做好开餐后的收尾工作。
- 维护、保养各种器械设备和用具。
- 搞好个人及岗位责任区域卫生。

5. 冻房厨师岗位职责

职责提要：负责冷菜、沙拉、冷沙司及各种水果盘的制作工作，保证及时提供合乎西餐风味要求色、香、味、形俱佳的各类菜品。

具体职责：

- 根据客情通知，负责制作宴会、自助餐、零点、套餐等形式的冷菜、沙拉及冷沙司。

- 负责冻房原料及水果的领取、加工、烹制及装盘出品工作，对出品的质量和卫生负责。
- 负责雕刻并及时提供热菜盘饰及自助餐台用各类食雕花卉、艺术品。
- 接收零点和宴会订单，及时按规格切配装盘，向餐厅准确发放冷菜、沙拉和水果盘。
- 妥善保藏剩余的原料、冷调味汁及成品，做好开餐后的收尾工作。
- 定期检查、整理冰箱，保证存放食品、水果的质量。
- 保持个人、工作岗位及包干区的卫生整洁，并负责冻房的消毒工作。
- 正确维护、合理使用器械设备，保持其完好清洁。

6. 包饼房领班岗位职责

职责提要：负责西厨包饼房的生产管理工作，保证及时提供合乎风味要求的包饼产品。

具体职责：

- 负责包饼房各种包饼、点心及雪糕的制作和出品工作；协助厨师长参与有关包饼、甜品供应单的制订工作，并进行成本核算与定价。
- 负责制订各类包饼、甜品的标准食谱，报厨师长审核后督导执行。
- 参与设计、布置自助餐台及其他大型活动的餐台。
- 根据客情，负责分配、安排包饼生产任务，严格把好原料的领用和包饼出品质量关。
- 负责安排包饼房员工的值班、轮休，并对员工进行考勤和评估。
- 检查员工仪表仪容，督促其搞好个人及包干区的卫生。
- 督导员工对用具和设备进行维护和保养。

7. 包饼师岗位职责

职责提要：负责企业内部及外卖所有面包、蛋糕及甜品的生产制作，并保证正常供给。

具体职责：

- 负责检查所有包饼、甜品的库存情况。
- 检查落实面包糕饼制品的原料，并及时补充。
- 根据客情需要，有计划地按规格标准生产包饼、甜品，保持有一定的周转成品。
- 检查冰箱、冷库，保证各种存放原料、成品的卫生和质量。
- 维护保养各种设备，正确使用、保管各种用具。
- 保持个人、工作岗位、器具及包干区的卫生整洁。

任务 3　厨房员工评估和激励

◎ 任务驱动

1. 对厨房员工进行评估有何意义？
2. 厨房员工评估的方法有哪些？

◎ 知识链接

一、厨房员工评估的作用

　　厨房员工评估是在对厨房员工日常考核管理基础上进行的、间隔周期相对较长的综合工作表现的考察和小结，前面分析的员工一年或半年评估即属此列。它的必要性和作用主要有以下几方面。

1. 使员工得到认可

　　对员工进行评估有助于员工本人得到承认。评估时上司把注意力集中在员工身上，并给员工机会，对如何进一步做好工作发表意见。因此评估工作为听取、吸收员工的意见提供了一个讨论的场所。

2. 找出长处和弱点

　　工作表现评估有助于找出员工的长处和弱点。当评估人员发现员工的长处时，可以对其进行嘉奖。这样做使员工感到舒心，是激发员工个人斗志、提高个人信心的方法。同时，通过评估找出员工的弱点，可以着手帮助其改进工作。

3. 为辅助和帮助提供依据

　　工作表现评估为那些在工作中遇到问题的员工进行辅导和帮助提供了依据。

4. 为变动员工工作提供正当理由

　　评估工作做得好，就可以为变动员工的工作提供正当的理由和依据，为厨房人力资源的优化组合、实现厨房人员的动态平衡创造条件。员工在评估中被发现的才能可以成为决定提拔、调动或向其他主要岗位变动的重要因素。若员工不能胜任工作则可以此为依据降职、解聘或调到其他相应岗位工作。厨房管理者必须力求以客观的态度来评估员工的能力。通过评估也可促使厨师长制订出进一步加强对员工工作指导的计划。

5. 找出问题和要求

评估工作如果做得好，会找到员工工作上的一些问题，这对于决定是否需要培训是很有帮助的。比如评估中发现一些厨师对新推出的某种菜的口味把握不准，这就意味着需要进行集体培训。而且对员工进行单独培训或辅导可能会帮助员工解决各自的一些具体问题。

6. 改善工作状况

当厨房管理人员与员工接触并讨论其长处和弱点时，他们应该考虑发现的问题与他们的管理方式和具体做法有什么联系，以便改进管理工作。

7. 协调人际关系

评估有助于改善员工和管理人员的关系。评估人员和员工在进行评估时必须通力合作，保持一致。这种关系正常发展，评估人员和员工就可以了解到双方的想法是什么，自己如何去配合。

二、厨房员工的配备

厨房中的人员配备就是通过适当而有效的选拔、培训和考评，把合适的人员安排到组织结构中所规定的各个岗位上去，以保证经营目标的顺利完成。

（一）生产岗位人员配制

厨房生产岗位对员工的任职要求是不一样的。充分利用人事部门提供的员工背景材料、综合素质以及岗前培训情况，将员工分配、安排在各自合适的岗位，需注意以下两点。

1. 量才使用，因岗设人

厨房在对岗位人员进行选配时，首先考虑各岗位人员的素质要求，即岗位任职条件。选择上岗的员工要能胜任、履行其岗位职责，同时要在认真细致地了解员工的特长、爱好的基础上，尽可能照顾员工的意愿，让其有发挥聪明才智、施展才华的机会。要力戒照顾关系、情面因人设岗。否则，将为厨房生产和管理留下隐患。

2. 不断优化岗位组合

厨房生产人员分岗到位后，并非一成不变。在生产过程中，可能会发现一些学非所用、用非所长的员工；或者会暴露一些班组群体搭配欠佳、团队协作精神缺乏等现象。这样不仅影响员工工作情绪和效率，久而久之，还可能产生不良风气，妨碍管理。因此，优化厨房岗位组合是必需的。但在优化岗位组合的同时，必须兼顾各岗位，尤其是主要技术岗位工作的相对稳定性和连贯性。

（二）厨房人员的配备要求

厨房人员的配备主要包括两层含义。一是指满足生产需要的厨房所有员工人数的确定；二是指人员的分工定岗和合理安置。由于厨房人员的配备不仅直接影响到劳动力成本的大小、队伍士气的高低，而且对厨房生产效率、产品质量以及餐饮生产经营的成败都有着不可忽视的影响。因此，不同规模、不同档次、不同规格要求的厨房，对员工的配备也是不一样的，只有综合考虑以下几个方面的因素，来确定生产人员数量才是科学而可行的。

1. 厨房的生产规模及合理布局

厨房的大小、多少、生产能力如何，对厨房人员配备起着主要作用。如规模大，餐饮服务接待能力就大，生产任务无疑也重。相反，厨房规模小，生产服务对象有限，厨房就可少配备一些人员。厨房节奏紧凑，布局合理，生产流程顺畅，相同岗位功能合并，货物运输路程短，配备的厨房人员就减少。厨房多而分散，各加工生产厨房间隔或距离较远，甚至不在一座或同一楼层，配备的人员就增加。因此，厨房设备性能先进、配套合理、功能齐全，不仅可以节省人员，而且可以提高生产效率、扩大生产规模、提高经济效益、满足生产需要。

2. 菜单的制定及产品标准

菜单是餐饮生产、服务的任务书。菜单品种丰富、规格齐全、菜品加工工艺复杂，加工产品标准要求高，无疑要加大工作量，厨房就要配备较多的人员。如快餐厨房由于供应菜式固定，品种数量有限，而零点或宴会厨房经营品种繁多，烹制菜品的工艺复杂，质量标准要求高。所以，快餐厨房就比零点和宴会厨房的人员在配备上就少得多。

3. 员工的技术水准及营业时间

厨房的人员大多是来自四面八方，由于地区和菜系的差异导致烹制手法的不同，缺乏默契的配合和沟通，工作效率就低，生产的差错率就会高。因此，厨房的人员就多配一些。而人员技术全面、稳定、操作熟练度高，就可少配一些。厨房生产应对的餐厅营业时间的长短，对生产人员配备有很大的关系，如有的饭店，餐厅除一日三餐外，还要经营夜宵，并负责住客18或24小时的客房用餐，甚至还要承担外卖产品的生产加工，所以，营业时间的延长，厨房的班次就要增加，人员就要多配。

总之，厨房人员数量确定的具体方法较多。比如按比例确定、按工作量确定、按岗位确定等，但一般是按照就餐餐位来确定。国外是30~50餐位配备一名厨房人员，国内是15~20餐位配备一名厨房人员，也有7~8餐位就配备一名厨房人员。但也应根据实际情况灵活掌握。也有按工作量来确定的，按照平均每天厨房所有生产任务的总时间，再考虑到员工轮休、病假、事假等因素，一般确定的方法是：厨房员工数=总时间×（1+10%）÷8，因此，不论采用哪种方法，只有合理准确，才能提高效益。

（三）厨房人员的录用

餐饮企业新开业，厨房人员的招聘是大量而系统的工作，已开业的餐饮企业，随着餐饮生产和销售规模的扩大，厨师流动的增加，也需要招聘、补充生产加工人员。要搞好现代厨房管理工作，必须严格把好这一关。要求应聘人员具有知识、技能、内在、外表等多方面的良好素质和职业道德，以确保其能很快胜任厨房工作，并为提高菜点质量、改进厨房管理做出积极贡献。一般招聘的方法是看求职申请（或自我推荐信）、初试、面试、体检、录用。由于招聘人员来源渠道是多方面的，但为了搞好管理工作，必须掌握好各方面的情况。

1. 不录用与本店管理者或在职员工有亲属、朋友关系的人员

一个名优的企业，一个良好的酒店，都需要全体员工共同建立一个完善可行的规章制度，它既是搞好工作的动力，又是完成任务的制约。那么在执行制度时人人平等，一视同仁。这样才有利于管理者做好各项工作，但往往一些员工不自觉执行，造成混乱局面。

2. 不录用厨师职业道德低的人员

作为一个优秀的厨师，不仅要具有精湛的厨艺，而且还要具有良好的职业道德和素质。但是，有些厨师虽然厨艺较好，但厨德较差。在工作中自以为是，出口伤人，不团结员工，总认为自己工作干得多，工资拿得少，甚至带着情绪干活，时好时坏，处处搞特殊，违反规章制度。员工看在眼里，气在心里又不敢说，管理者说了又不听，造成极坏的影响，不仅完不成规定的任务，而且造成浪费和损失，经济效益上不去，这样的员工坚决不用。相反，只要厨德好，虽然厨艺较差，而且又年轻，有好学上进的精神，可以重点培养，早日成为厨艺精英。

3. 录用有文化、能吃苦、敢创新的青年厨师

我国一些经济相对落后的地区，餐饮业的发展必须适应市场、适应民情。因此，应积极培养有文化、能吃苦、敢创新的青年厨师，开发利用本地区的自然资源，积极打造自己的品牌产品和拳头产品，同样可以提高酒店的地位和档次，使我们民族餐饮业真正成为一个菜系，遍布全国，走向全球。

三、厨房员工评估的方法和步骤

有多种方法可以用于厨房员工的评估，具体选择何种方法应视厨房管理的情况和实际而定。

1. 厨房员工评估的方法

厨房员工工作表现评估的方法有比较复杂的，也有相对简单的；可选择单一使用，也可选择交叉或结合使用。

（1）比较法 所谓比较法，即将厨房员工进行相互比较，以对其进行评估。简单排队法就是其中的一种。评估人员对厨房员工从最好到最差进行排队，这是根据厨房员工的全部表现主观进行的。

（2）绝对标准法 绝对标准法即厨房管理人员不与其他人比较，直接对每位厨师做出评估。具体有以下三种方法。

① 要事记录法：按照这种方法，厨师长或负责评估的其他管理人员把厨师工作中发生的好的及不好的事情像记日记那样记录下来，这些事情经过汇总后就能反映厨师的全面表现，根据这些可以对每位厨师进行评估。

② 打分检查法：由主管或其他熟知厨师工作并有一定威望的人制订检查表，对厨师的每项工作进行打分。从分数的高低可以看出厨师工作的好坏。

③ 硬性选择法：工作的好坏可以从多方面反映出来，硬性选择法要求考核评估人员对厨师在几个方面的表现选择一个最合适的评价。

（3）正指标法 正指标法是把厨师的各项工作和工作表现用数量直接表示出来，其统计数字便是评估依据。

（4）工作岗位说明书与工作表现评估 工作岗位说明书（岗位职责）不仅适用于厨师招聘阶段，对厨师培训及其评估也都很有用。由于工作岗位说明书规定了要做到的各项工作，自然就成为进行评估的依据。

（5）员工工作表现全面评估 厨房员工工作表现的全面评估可以逐项进行。另外还应配合建立业务、技术考核制度，对厨师进行业务技能考核，以检查评估厨师的实际操作能力。通过操作和理论的双重评估，建立全面、系统、实事求是的业务档案，这样可以及时、客观、发展地反映厨房员工的表现和业务实绩，为随时掌握员工发展变化状态提供了可靠资料。

2. 厨房员工评估的步骤

厨房员工评估的步骤同样应该视企业情况而定，具体步骤如下。

（1）确定评估工作目标 对厨房人员进行工作评估的目的是改进厨师的工作表现，并找出人际关系中的一些关键问题。每次评估都应该有明确、具体的目标。

（2）确定采用的评估手段和方法。

（3）确定评估执行者 一般由基层厨师长去评估员工。员工的直接领班或头炉、头砧也应该做这项工作，至少也要参与这项工作。

（4）确定评估的周期 厨师综合性的正规评估至少应每年进行一次。对新员工可适当多进行几次。半年一次的评估可以安排在七月和十二月结合员工技术考核进行，评估时间的确定应选择在生产业务不太繁忙的季节。

（5）制订员工参与评估的方法　要给员工尽可能多的机会参与评估。允许员工对评估人员的意见发表自己的看法，并对问题做出解释。要让厨师帮助制订下一阶段的评估目标以及对评估工作的环境因素发表意见或提出建议。

（6）制订申诉方法　倘若员工感到评估工作做得不公正，应允许员工向总厨师长或上一级管理部门提出申诉。如果不这样做，整个评估工作就可能失去可信度。

（7）制订后续措施　工作表现评估结束后，习惯的做法是进行一些临时性跟踪观察工作。

（8）把评估计划告诉员工　员工希望了解工作中的哪些方面会对他们有影响，因而对评估计划最关心。对评估计划如何实施不应保密，应该把细节都告诉员工，对新员工更应注意这些。

（9）采用有效的谈话技巧　厨师长在进行评估时必须与员工交换意见，因而必须懂得语言沟通和谈话的技巧。评估的重点应该放在双向沟通上。这种沟通可以使厨房管理人员帮助员工做得更好，对于员工做得还不够的方面以及希望员工改进工作的具体行动计划等问题必须取得一致的意见。评估结束后，必须按照要求填写书面材料，结合业务档案，作为决定岗位工资时的参考。

四、厨房员工激励的方法

厨房管理当中员工激励的方法和技巧多种多样，实践当中使用较多的有以下几种。

1. 目标激励

目标激励是国内近年来盛行的一种管理方法。它要求根据餐饮企业远、中、近期的目标，由各部门制订具体目标计划。根据部门目标，各层次、各工种和各岗位员工可制订出每个人的工作目标。这种管理方法，使每个员工都清楚地知道自己的岗位职责，近阶段任务内容、进度、工作量等具体要求，激发员工的竞争动力，鼓励员工主动克服困难，实现岗位目标。这种管理，使员工知道大目标要靠每个员工的小目标和脚踏实地的平凡劳动才能实现，认识到自我的价值。在厨房管理中，将厨房要实现的目标与厨师个人努力的目标有机结合起来，鼓励员工在各自的岗位上，为实现集体大目标和个人小目标共同拼搏，共创佳绩。

2. 情感激励

不少餐饮企业厨房管理实践表明，上下级之间感情融洽，环境气氛和谐，布置下去的任务便能雷厉风行，甚至创造性地完成；员工感情不好，厨房风气不正，任务布置下去，就可能阳奉阴违，执行走样；若是员工间矛盾突出、尖锐，布置下去的任务有可能还会遭顶撞、被卡壳。这说明，管理以手工劳作为主的厨房，除了有制度、规范管理外，还需要重视和尊重员工，进行感情投资。当员工或其家庭一旦遇到困难、遭遇不幸，餐饮企业管理人员、厨师长应热情关心，争取条件帮员工解决一些具体困难。这样会使员工对集体、对领导萌生感激之情。当厨房员工及其家庭有吉庆喜事，若能收到来自单位、领导恰当的祝贺，无疑会让员工备感兴奋。当员工对环境、对工作有怨愤心情时，厨房管理人员应采取适当的手段，使员工的积郁得到正确的疏导和合理的发泄。这样，不仅能预防事态扩大和矛盾激化，还能增进双方理解和感情交流。

3. 榜样激励

榜样的力量是无穷的。领导的以身作则、身边先进人物的敬业精神、同行业技术标兵的绝技展示，都能激励厨师做出不平凡的业绩。国外流行"走动管理"，提倡企业、集团高层领导深入第一线，倾听员工意见，激励员工上进，解决员工实际困难。如美国麦当劳的总裁雷·克罗克，经常到最基层去检查服务质量、食品卫生，对员工起到了很好的督导和鼓舞作用。南京一饭店总厨酷爱厨艺，深入一线，潜心钻研，不断开发菜肴新品，在他的带动和感召下，饭店厨师自觉学习业务，一段时间后企业打造了"生炒甲鱼""鱼汤小刀面"等誉冠石城的名菜名点，创造了有口皆碑的餐饮形象。餐饮企业中获得各种荣誉称号的员工，每天都在有意无意地影响着周围的员工。他们身上的闪光之处，往往能对周围员工起导向作用。因此，培育厨房里的业务骨干、技术精英，是厨房乃至整个餐饮企业管理人员在日常管理中需要注意的一件事。

4. 物质激励

精神的或物质的奖励及惩罚是一种有力而有效的激励、管理手段。餐饮企业管理者、厨师长可采用或建议上级部门对员工采用的奖励手段主要有：口头、书面表扬；调换到关键或能发挥更大作用的岗位；提拔晋升或推荐升级；安排部门内员工享受旅游、疗养等福利待遇；推荐员工外出学习、考察、深造或推荐去国外饭店、驻外机构服务；给员工经济奖励；为员工子女解决入托、入园、入学困难；为员工办理人寿保险，增强员工的生活保障等。

5. 惩罚激励

餐饮企业管理者、厨师长也可以利用管理权力，建议或决定使用行政纪律处分、经济手段对员工进行惩罚。除了上述激励方法之外，厨房管理中还可以运用一些其他的技巧对员工实施激励。

（1）沟通技巧　有效的沟通至少在某种程度上可以满足员工对工作保障、归属感以及上司对自己的承认等需求。相反，沟通工作做得不好，非但达不到激励的目的，还会使问题变得更糟。

（2）多样化管理方法　不同的领导方式也会促进（或阻碍）激励工作。若可能，可以对工作岗位的要求重新修订。还可以采用工作转换、增加工作任务、丰富工作内容以及灵活的工作时间（员工可自己参与排班）等方法。

（3）解释技巧　从员工的角度来解释、维护各种规章制度的必要性和合理性。

（4）倾听技巧　认真听取员工的意见，了解他们的需求。

（5）从员工的角度出发　把管理者置于员工的位置，找出他们的个人需要，并研究如何在工作中使他们的需求得到满足。切记，看问题和做事情可以有多种方式。要努力理解和支持员工的想法，改变对员工的态度，帮助员工提高对工作的热情。

（6）人际关系技巧　运用处理人际关系的艺术和科学，建立和保持良好的同事关系，积极听取员工的意见。

（7）区别目标　与员工目标结合的是企业的目标，而不是管理者个人的目标。

（8）其他方法　必须看到帮助厨房员工可以有各种不同的方法。如果一种方法效果不好，可以再试另一种。不能一遇挫折就不再做努力。

6. 环境与待遇的激励

（1）工作环境　一家酒店的员工来自四面八方，文化素质不同、生活习惯各异。主管人员首先应能理解员工精神和情感需要的心理，除为他们争取更合理的权益外，应尽力建立谦虚待人、相互尊重和关爱、工作心情舒畅、同事和睦相处的工作环境，在这种气氛里，员工热爱集体、关心同事，有困难大家互助，有意见坦诚交流，多干实际工作。主要管理人员应多接触最基层的员工，了解其心声建议，关心每位员工的生活情况或帮助解决实际困难。

（2）工资待遇　如果员工的工资比本地区同行业高出5%~10%，工资也可随时调整，员工的积极性就高，酒店的效益则好。一般调整的标准一是按本企业的利益结合员工技术进步和贡献，实事求是地调升或降低。二是随市场均值，同行业工资上升即调升。

这样一个平等互爱的工作环境和优厚的待遇使员工觉得自己是被重视和肯定的骨干，并且知道可以通过不断努力，提高技术水平，争取更高的待遇，这样不但稳定了技术队伍，也保证了产品质量。

7. 关爱和生活的激励

目前大多数酒店的员工都是远离家庭。因此，酒店在衣、食、住、行等方面尽量满足员工的需求，想办法做好员工的宿舍、伙食、用水、取暖、医疗、交通等方面的工作，给员工安排一个良好的生活环境。

对于员工的业余生活和节假日生活，酒店要根据具体情况安排得丰富多彩。如每年举行一两次集体旅游、每周举办一两次丰富多彩的生活会，定时安排厨师与服务员联欢，使他们互相通气、沟通顾客对菜品的反映，同时组织给员工过生日，赠送生日礼物，开展歌舞晚会，大力提倡"工作时尽心、娱乐中尽情"，不仅丰富了业余生活，而且又提高了菜点质量。更重要的是为了提高员工的技术水平，每月举办一次业务"大奖赛"，并发放珍贵的奖品，同时也是调升工资、选择培训对象的重要依据。

综上所述，员工是厨房、酒店乃至企业发展的重要"资源"，要取得最佳的经济效益，就要最大限度地调动和发挥员工的积极性和创造力，这就是厨房管理的取胜之道，也是搞好管理工作的核心和动力。

任务 4　厨房员工的学习培训

◎ 任务驱动

对厨房员工进行培训时应注意哪些？

◎ 知识链接

厨房培训无论是对新员工还是对老员工都很重要。厨房管理方式、手段革新，菜肴点心制作方法技巧创新，都需要对员工进行培训。厨房可以利用培训向员工传授新的工作技巧，扩大员工的知识面，改变其工作态度。没有经过很好培训的厨房人员，不仅会增加厨房的开支，而且还会造成顾客的不满。因此，培训既是企业的需要，也是员工的内在需求。厨房培训可以用于传授菜点知识和操作技巧，也可用于帮助员工改进工作态度。培训是否有成效取决于教员的能力和学员的学习愿望。

一、培训的目的和对象

厨房培训的目的，一是了解社会餐饮市场发展的新动向和菜品创新的新方向，如何创新才能适应市场的飞速发展；二是提高厨房实际工作的能力。能吃苦、好学上进的员工，作为重点培训对象。选择的方法要公平、公开、公正，让员工真正体会到自己在本企业中的重要性。培训后，可根据实际情况，重新确定或调整工作岗位，特别是把一些学习好的员工提拔到管理岗位上，增加新鲜"血液"，充分发挥他们的长处，改善和提高工资待遇和地位，使员工真正体会到培训不仅作为提高工作效率的动力，而且是调动员工积极性和增强责任感的重大举措，同时也对周围其他员工产生积极向上、不断进取的影响力。

二、培训的计划和方式

有了具体的培训目的和优秀的培训对象，就可制订合理的培训计划，一般是根据本企业的实际情况，决定一个月培训一次，还是半年培训一次，具体培训的内容和时间的长短以及地点必须制订正确合理的计划，并公布于众，让员工心中有数，充分调动其工作热情和积极性。培训的方式，一般分为三类，一类是在本地区进行学习培训，把本地区的一些优秀、先进的经验和技巧学到手；另一类是去外地培训，博采众家之长，学到更多的创新菜品和管理理念；第三类是请进来，在本地进行培训，让更多的员工受益，收到更大的培训效果和目的，起到培训的作用。

三、培训的作用和要求

在培训中，不论是新员工还是老员工，都可互相竞争，真正体现培训的作用和目的，相互促进，提高工作效率。比如新员工开始工作时，要教给他们有关工作的常识和技巧，以及本厨房的生产、劳动相关的程序和标准。对老员工来说，随着创新菜品的开发和工作程序的不断改进，适应新的工作程序和环境。

因此，针对新老员工的实际情况，达到培训的目的和要求，使他们明确方向，了解工作程序，越干越起劲，成绩和效益突出显著，精神面貌焕然一新。

培训对厨房的新老员工来说，是一项必不可少的工作程序，按照培训的目标和优秀的培训对象，合理制定培训计划和要求，必将起到意想不到的效果和作用，虽然培训要耽误时间和投入费用，但收到的效果要比投入的多得多，应大力提倡。

四、培训的注意事项

由于厨房平时工作中都注重实际，因此培训工作应注意以下几方面。

1. 学习的愿望

受训学员必须对学习新技术、获得更多知识具有强烈的愿望。另外，厨房员工往往是在他们认为有必要学习时才接受培训。大多数厨房员工是讲求实际的，他们想知道培训对他们到底有多大好处。因此，在培训初期，培训员应该尽力宣传培训的必要性。这种宣传应该成为初期培训活动的一部分。

2. 边干边学

厨房工作是以手工操作为主的，要边干边学。被动学习（听、记等）比主动学习（学员参与培训、互动式培训）效果要差，厨房员工尤其如此。另外，培训要集中解决现实问题，应该让受训厨房员工看到教给他们的知识技巧是可以运用到他们所处的具体环境中去的。因此，厨房员工的技能培训应尽可能围绕解决某些菜肴的质量问题或改进生产流程、工艺给员工带来便利和效益来进行。

3. 以往经历的影响

厨房员工以往的经历会对他们的学习产生影响。参加培训的厨房员工有不同的经历，培训要与他们的经历结合起来。有经验的厨房管理者或厨师，用现身说法培训，其效果均较好。另外，学员在一个非正式的学习环境中受训，学习效果更好。因此，厨房员工培训的课堂，设在看得见原料、摸得着设备、可直接操作的烹饪教室或厨房最为理想。同时还要注意，厨房培训的教员应该把受训员工看作是同行加同事，不应该把他们看作是下级或孩子。

4. 培训方式

采用各种不同的培训方法可以使培训变得生动形象、效果明显，即使是纯理论课培训，也应尽可能多举案例。培训的重点应放在提供引导而不是评分。学员希望了解他们现在做得如何，然而他们更需要了解他们的学习方法是否正确，以及是否理解了教员传授给他们的知识和技巧。厨师培训，有条件的要让受训者充分参与操作练习，培训员从中发现问题，及时予以纠正，效果更佳。

厨房员工培训，除了要注意上述事项，还应注意如下要点。

（1）一次培训活动的时间不应超出学员的注意力集中限度，必要时安排几次休息。

（2）学员学习接受的进度是不一致的，培训教员要有足够的耐心，要给那些手脚慢、不太容易掌握要领的人提供更多的机会，不妨开些小灶。

（3）培训的开始阶段不要强调提高工作速度，而要讲求动作的准确性。培训中强调的重点要反复讲、反复练。

（4）在一项工作、一个菜品制作分解成几个步骤做之前，必须完整地示范一次。只有在学员懂得了完整的工作怎样做以后才可以让其分步练习。

（5）厨房受训员工应该知道培训要达到什么要求。培训人员有责任让学员通过培训得到明显的效果。学员应该有机会评估自己的学习，看是否达到预期的要求。

五、确定培训的基本程序和制度

培训工作是厨房管理的重要内容之一，通过培训可以解决厨房内部若干问题，但也不是所有的问题都能通过培训得到彻底解决的。要根据具体情况分析问题产生的原因，假如通过对问题的查找和分析，找到了问题的根源不是工作条件或其他方面的限制而是缺乏培训，那么培训就是解决问题唯一有效的手段。培训不但可以用来解决经营管理中的问题，还可以帮助厨房新员工掌握规定的工作技巧或者指导老厨师学习新的工作程序。厨房培训应该按下列步骤进行。

1. 确定目标

一旦做出了培训决定，就要确定总的培训目标。厨房培训要着眼于提高实际工作能力，而不只是为了了解一些知识。厨房培训员必须明确地规定受训者经过培训必须学会做哪些工作和工作必须达到什么要求。为了能评估培训的效果（学员学到的东西），在培训开始前厨房培训员必须了解员工的工作水准。如果通过培训，员工的工作比培训前更接近要求，那就可以判定培训是确有成效的。

2. 制订培训计划

有了具体的培训目标，就可以制订培训计划。培训计划实际上是培训工作所有方面的概括。为厨房员工制订培训计划表，每个培训计划应列明要开展的活动，每次活动要与培训计划中的具体目标相对应。有了培训计划就可以做出授课安排，简明说明每一堂课有哪些具体的活动。然后，每堂培训课再确定受训人员要达到这堂课规定的要求，要做哪些具体的事情。制订培训计划的同时，应选择好培训方式。可以根据培训内容分别选择小组培训、全员培训、理论培训、操作培训、研讨式培训、讲座式培训或示范观摩培训等，也可以兼用几种方式。

3. 培训准备

在参加实际培训之前，受训人员至少应对自己的工作有一个基本的了解。受训者总想知道能学到什么，因此，应向他们讲明每堂课是如何安排的。另外，在制订计划时如能听取员工的意见，将会对培训有很大的帮助。厨房管理人员要保证员工有一定的时间去参加各种培训活动，要尽可能少采用传统的那种忙里偷闲式的培训。必须让员工懂得参加培训并不是一种惩罚，还应该让员工认识到他们进行培训既不是浪费时间，也不是蔑视他们的才智。

4. 培训实施

培训的方式不同，培训的实际做法也不一样。培训计划制订以后，有关各方要积极准备，保证人员、场地、时间等一切培训条件具备，并在培训负责人的主持下顺利进行。

5. 检验培训效果

需要对培训进行评估以确定培训是否实现了它的目标，即经过培训，员工的工作能力是否得到提高，提高了多少。对培训工作可以从两个方面进行评估：采用的培训方式和培训的实际效果（包括对受训人员的考核）。把这两方面的情况结合起来就容易确定培训是否获得成功，是否需要再一次进行培训。通过评估，厨师长也就容易确定员工在实现培训目标方面是否正在进步。

六、厨师的职业道德

厨师的职业道德，是指厨师在从事烹饪工作时所要遵循的行为规范和必须具备的品质。面对21世纪中国烹饪发展的新形势，需要广泛提高厨师队伍的职业道德水平。

1. 热爱烹饪事业

热爱烹饪事业，是厨师职业道德的灵魂。厨师的责任，是决定工作质量优势的首要因素。中国素有"烹饪王国"的美誉，作为"王国"中的一员，每一位厨师都应为自己从事的工作感到自豪，将自己的身心融入烹饪事业当中，培养自己高尚的情操和优良品质，充分发挥自己的聪明才智，以主人翁的态度对待自己的工作。

2. 钻研业务，提高技能

钻研业务，提高技能，是厨师职业道德的核心。不断提高饭菜质量是厨师应尽的职责，有人说："劳动者只有具备较高的科学文化水平，丰富的生产经验，先进的劳动技能，才能在现代化生产中发挥更大作用。"厨师的文化水平、专业素质，直接影响烹饪事业的发展，几年前，济南市餐饮系统曾对市内26家饭店70名厨师进行了学历抽样调查，结果发现，大专学历占1.4%，高中文化程度占22.9%，初中文化程度占40%，小学文化程度占35.7%，文化程度之低，令人惊叹。在岗位的一批30~45岁的厨师中小学学历占52.6%，他们都是年富力强的企业骨干，有着过硬的烹饪技艺。能烹制出色、香、味、形俱全的菜品，但对饭店的合理烹调、营养价值等理论问题了解甚少，这在很大程度上阻碍了烹饪事业的整体发展。因此，厨师必须加强理论修养，途径有三个：一是学习烹调技术、烹饪原料知识、食品营养与卫生等专业知识。阅读一些烹饪方面的刊物，开阔视野；二是经常参加各种培训班，获取理论知识；三是理论联系实践，例如如何鉴别油温、合理配菜、灵活运用火候等。并在实践中不断提高自己的专业理论和技术水平。

3. 讲究卫生，保证健康

讲究卫生，保证健康，是厨师职业道德的具体体现，厨师必须持"健康证"上岗，严格遵守《中华人民共和国食品安全法》。要讲究个人卫生和食品卫生，个人卫生要做到勤洗手、勤剪指甲、勤洗澡、勤理发、勤换工作服。俗话说："病从口入"，因此食品加工过程一定要遵守卫生制度，不加工变质原料、不加工不符合卫生标准的原料。工作时，工作服、工作帽必须穿戴整齐，不抽烟、不穿工作服到洗手间等，保证广大顾客就餐时不受疾病的传染、危害。

4. 遵纪守法，不弄虚作假

遵纪守法，不弄虚作假，是烹饪工作能够正常进行的基本保证，每位厨师都要自觉遵守，按国家有关规定办事，掌握好成本核算，配菜时要按不同品种准确投料，不能随意降低或提高标准，不能以次充好，变相损害顾客利益，要做到质价统一。

做一位好的厨师，不仅要有高超的技术，更要有良好的职业道德，即厨德。厨德体现在具体的工作中，工作守则则是厨法的重要保证，能起到监督提醒作用。因为厨房的工作守则，是保证厨房工作顺利进行的基础。因此，每一位在厨房工作的人，必须遵守自己的职业守则。在没有学习烹饪之前，也必须学好"厨师职业道德"。

■ 思考题

1. 厨房机构设置原则有哪些？
2. 厨房各部门的职责是什么？
3. 厨师长应怎样充分发挥领军作用？
4. 员工评估和激励的作用有哪些？
5. 如何激励厨房员工？
6. 厨房员工培训的必要性体现在哪些方面？

项目 **4**

厨房原料管理

◎ **学习目标**

1. 了解厨房原料的采购管理。
2. 掌握厨房原料采购的质量控制。
3. 熟悉厨房原料验收管理。
4. 掌握厨房原料的储存和发放管理。

◎ **学习重点**

1. 厨房原料采购管理。
2. 厨房原料验收管理。
3. 厨房原料的储存和发放管理。

任务 1　厨房原料采购管理

◎ 任务驱动

　　1. 采购人员必须具备哪些素质？

　　2. 原料采购的组织形式有哪些？

　　3. 如何控制厨房原料采购的质量？

◎ 知识链接

一、原料采购的组织形式

　　原料采购，包括订货和购物两个基本环节。根据饭店的管理体系及餐饮规模和人员等情况，原料采购主要有以下三种组织形式。

　　1. 饭店采购部负责采购

　　（1）这种采购组织形式是由厨房提供采购的申请和要求，由饭店采购部统一采购。

　　（2）厨房原料由饭店采购部负责采购的优点是利于专业化管理，便于资金和采购成本的控制。

　　2. 餐饮部（或厨房）负责采购

　　（1）这种采购组织形式就是餐饮部（或厨房）负责所需原料的订货和购物业务。

　　（2）该形式的优点是能根据饭店的业务状况，灵活及时地采购，便于控制数量和质量。不足之处是缺乏制约，容易出现财务漏洞。

　　3. 餐饮部（或厨房）和采购部分工采购

　　（1）分工采购，即由餐饮部（或厨房）负责鲜活原料的采购，采购部负责可储存原料和物品的采购。

　　（2）该形式优点是比较灵活，及时满足厨房生产的需要，也有利于采购成本的控制。不足之处是多头采购，管理与协调带来不少麻烦。

　　以上几种采购形式，可根据饭店的规模、管理模式来具体确定，采购最重要的职能就是能按质、按量、按时地将原料购回，满足厨房生产的需要，同时，还要做到控制进货价格、降低生产成本。

二、采购人员的要求

采购工作的好坏，关键在于采购人员的素质。一个优秀的采购人员一般要具备以下条件。

（1）人品正直，诚实可靠，廉洁奉公，吃苦耐劳，反应灵敏，办事精明，具有进取奉献精神和服务意识。

（2）了解市场行情，熟悉各种原料知识，懂得如何选择各种原料的质量、规格和产地，掌握什么季节购买什么产品，什么产品容易存放，什么产品存放时间长质量会下降等，掌握提货信息。

（3）具备一定的烹调知识，懂得各种原料的损耗情况，加工的难易程度。

（4）熟悉财务制度，具备一定的财务知识和必要的管理知识，能够对采购业务进行科学的计量管理。

（5）懂得国家有关法律政策，熟悉饭店内部的规章制度。

三、采购的程序管理

为了保证厨房原料采购工作能顺利进行，确保采购工作质量，餐饮部要根据原料的特点、采购业务活动的规律，制定一个行之有效的工作程序和采购准则。采购人员必须按照规定的工作程序和采购准则开展采购活动。在实践中，原料采购活动的基本工作流程如下。

（1）提出申购　首先由使用厨房向采购部门（员）提交采购申请明细单。由于采购形式的不同，采购申请单的提交者也就不同。通常中小型饭店的鲜活原料由厨房提交申购单，可储性食品原料由仓库提交申购单，酒水由餐厅提交申购单。

（2）联系采购　采购部把接到的申购单汇总后，一般原料直接与供货商联系，询问价格、洽谈订购意向，干货原料和冰冻水产品要索取样品，与厨师长一起检验质量、商定价格，再根据洽谈约定填写订购单等。订货单或订货合同签订后，应同时交给验收人员一份，以备验收入库使用。零散原料、鲜活原料、鲜蔬菜原料等直接采购。

（3）验收入库　对于采购员采购和供货商送货的原料，验收人员要根据订货单或订货合同验收，验收合格后，交给仓库保管员登记入库。采购员电话联系订购后自行提货的原料，在提货现场就要对原料进行初验，待原料运回后再由验收人员复验后，仓库登记入库。鲜活原料验收后，由使用部门办理申领手续直接发货。

（4）审核付款　验收人员完成了原料的验收入库等工作后，应自己填制验收单和签字后的发票连同订购单交到财务部，同时告知采购部门原料已验收入库。经财务部审核无误后，供货商或采购员即可提取现金或报销。

四、厨房采购的控制

1. 采购数量的控制

采购的数量应该根据客源和库存量变化不断进行调整。最佳的采购量其实就是消耗的原料存量重新达到理想储存量限度，使采购原料的费用保持在最低水平。厨房的原料从长远看大部分都有易坏性，只是时间长短的问题，餐饮企业应该尽可能保证采购量适中。采购数量过多，会引起存货占用过多资金，影响资金周转；食品原料存放时间过长，引起质量下降或变质；增加存储成本和存储场地；增加偷盗机会等问题。而采购数量过少，则会引起库存中断，无法生产某些食品，引起顾客不满；紧急采购既费时又费钱；失去大批量采购所能获得的折扣等问题。

管理人员既要考虑到大批量采购货物所带来的价格优惠，以及节约采购费用的优点，又要考虑到原料的易损性。既能保证正常生产，又不可以库存过多，造成储存时间过长而过期变质，增大损耗，增加成本等。

（1）确定采购数量应考虑的因素　在确定采购数量时，需要考虑的因素有菜品的销售数量、仓储设施的储藏能力、运输成本、饭店财务状况、供货商的发货约束、食品原料的内在特点、食品原料消耗的稳定性、市场供求关系等。

（2）库存容量控制　库存容量是影响采购计划能否顺利完成的关键，它直接决定资金周转速度。最高存量是每次进货入库时所达到的最大储存量。最低存量是随着生产业务的进行，食品原料不断被消耗，库存量下降到最低点时的储存数量。

① 最高存量控制：食品原料最高存量是由库存周期内的日均需要量和进货间隔周期决定的。控制最高存量重点是抓好以下三个环节的工作。

- 每次进货前，库房管理员根据食品原料种类不同，分析库存货卡，掌握库存余额，然后根据月度计划要求和厨房生产需要，提出进货补充计划。
- 进货补充计划要根据不同食品原料进货间隔周期、日均需要量和安全保险天数来确定，并制定采购单。经过部门经理和财务人员审批，然后组织进货。
- 每次进货后，库存量达到最高点。库房管理人员要调整库存货卡，编制进货报告，使最高存量基本符合储备定额要求，防止过高过低；仓管部记账员和财务人员要做好检查，以此控制最高存量。

② 最低存量控制：最低存量以满足短时间内食品生产原料需要为限度。控制最低存量的关键是要掌握不同种类的食品原料的库存余额，每天在库存货卡上做好货物出入库记录，同时分析最近几天的日均用量、安全天数和提前采购天数，算出最低存量。

2. 采购质量的控制

要想保证厨房产品质量的稳定性，就必须使用质量稳定的原料，这样才能达到产品的预期价值。原料越适于使用，质量也就越高。为了达到这个目的，管理人员必须制定原料的采购标准，以便对原料进行统一管理。采购标准主要是从原料的新鲜度、成熟度、产地、外观、清洁度、固有品质等方面考虑。具体的编制还要根据实际情况，结合厨房提供菜品种类以及一系列的变化进行调整。采购部经理或成本控制会计应在其他管理人员的协助下，列出本企业常用的需采购的食品原料目录，并用采购规格书的形式（表4-1）规定各种食品原料的质量要求。

表 4-1　　　　　　　　　　　　　　采购规格书

品名	产地	外观与色泽	成熟度	气味与味道	净料率	货期	备注
番茄	本地	色泽红润，大小适中，无破损	适中	正常良好	90%	每日到货	

采购规格书以书面的形式对餐饮部要采购的食品原料等规定了详尽的质量、规格等要求。采购规格书内容通常包括产品通用名称或常用商业名称，法律法规确定的等级、公认的商业等级或当地通用的等级，商品报价单位或容器，基本容器的名称和大小，容器中的单位数或单位大小，重量范围，最大或最小切除量，加工类型和包装，成熟程度，防止误解所需的其他信息。

3. 采购价格的控制

成功的采购工作目标之一是获得理想的采购价格。餐饮原料的价格受多种因素影响，如市场的供求状况、餐饮市场的需求程度、采购的数量、原料本身的质量、供应的货源渠道等，针对这些价格影响因素，根据厨房生产要求，可以采取有效方法降低价格并保证原料质量，以实施对采购价格的控制。采购价格控制是降低采购成本的重要途径，也是贯彻"掌握市场行情，做好采购供应，严格制度，廉洁奉公，保质保量，降低成本"的采购管理工作方针的重要措施。做好采购价格控制的基本方法有以下几种。

（1）限定采购价格　餐饮的原料种类繁多，采购次数频繁，许多原料的市场价格波动较大。因此，餐饮企业的管理人员、采购人员必须对市场价格敏感，洞察市场的变化，准确确定原料的采购价格范围，限价采购，保证以较低价格购进餐饮原料。通过详细的市场价格调查，饭店对厨房所需的某些原料提出购货限价，规定在一定的幅度范围内，按限价进行市场采购，不得超过。当然这种限价是饭店派专人负责调查后获得的信息。限价品种一般是采购周期短、随进随用的新鲜原料。

（2）严格检查定价执行情况　采购时要掌握市场行情，尽量减少流通环节，坚持"价比三家，货比三家"的原则，必须加强食品原料定价管理，控制采购价格，防止舞弊行为，降低成本开支，因此执行价格公开管理，杜绝暗箱操作是关键。库房管理员每次入库验收时，应将实际采购价格和采购部制定的采购定价比较，控制定价执行结果。

（3）建立长期购销合同　如果餐饮企业完全按照最低价选择供应商，就需要多次采购，工作量大，而且餐饮企业得到的供应商的报价不一定完全是最低的。所以，餐饮企业要对各供应商提供的报价进行比较，同时也要考虑与供货商长期合作的可能性等诸多因素，与供应商协商价格，确立长期的供货关系，从而方便餐饮企业的采购工作。为使价格得以控制，许多饭店规定采购部门只能向指定单位购货或者只允许购置来自规定渠道的原料，因为饭店已预先同这些单位商定了购货价格。因此，在确定供应商时，除了要考虑价格以外，还要考虑货品的质量以及供货商的信誉等因素。

（4）严格控制大宗货物和贵重原料的采购权　餐饮企业消耗量较大的餐饮原料和贵重原料是影响企业成本的主体，因此餐饮企业要根据实际使用情况控制采购数量，具体的采购决策必须由企业的管理层做出。

（5）集中批量采购　这种集中采购的方式常见于大型饭店管理集团或餐饮集团，采购集中由集团总部根据下属单位的使用情况大批购进。对于中小型的餐饮企业也可以根据实际需求情况，对于实用的原料大批一次购入，这也是控制采购价格的一种策略。这样不仅可以获得较大的价格折扣，节省采购资金，同时也有利于统一餐饮原料的规格与质量标准。另外，当某些原料的包装规格有大有小时，如有可能，大批量购买厨房可以使用的大规格包装的原料，也可降低单位价格。

（6）根据市场行情适时采购　对于一些餐饮企业长期使用的原料，可以根据市场的供应情况，在储存期允许、保证质量的情况下，在价格低时适度多采购一些，以减少价格回升时的开支；如果价格是回落的趋势，采购量要做到用多少采购多少，避免造成占用资金过多、价格回落带来不必要的成本损失，只要满足短期生产即可，等价格稳定时再行添购。

（7）尽可能减少中间环节　抛开供应单位，直接从批发商、制造商或种植者以及市场直销处采购，往往可获得优惠价格。近年在争创绿色饭店的活动中，有许多饭店自行物色、定点建立无公害、绿色蔬菜生产基地、禽畜饲养基地，既保证了原料质量，又省却了中间环节，可谓明智之举。

五、原料采购的方式

食品原料采购方式多种多样，究竟确定何种采购方式并没有固定的模式，应根据餐饮业务经营的要求、采购任务、食品原料的种类及市场情况选择最适宜的采购方式。选择何种采购方式，关键在于厨房规模和当地原料市场的情况。而采购的原则，就是降低购进原料的成本。为达到这一目的，必须采取灵活多样的采购方式。常见的采购方式主要有以下几种。

1. 竞争价格采购

竞争价格采购，适用于采购次数频繁，往往需要每天进货的食品原料。饭店厨房绝大部分鲜活原料的采购业务多属于此种性质。采购单位把所需采购的罐装、袋装干货原料和鲜活原料名称及其规格标准，通过电话联系或函告，或通过直接接触（采购人员去供货单位或对方来饭店）等方式告知各有关供货单位，并取得所需原料的报价。一般每种原料至少应取得三个供货单位的报价，饭店财务、采购等部门再根据市场调查的价格，随后选择确定其中原料质量最合适、价格最优惠的供货单位，让其按既定价格、原料规格，按每次订货的数量负责供货。待一个周期（区别原料性质和市场行情，7~15天不等）后再进行询价、报价，重新确定供货单位。这样做的好处是，在比较优惠的前提下，可以使供货单位及原料规格、价格相对稳定，减少麻烦。不利之处则是有时受固定单位约束或牵制，缺少灵活性。

2. 无选择采购

饭店有时候会遇到这样的情况：在餐饮经营过程中，厨房需要采购的某种原料在市场上奇缺，或者仅一家单位供货，在这种情况下不论供货商如何索价，只能采取无选择采购。比如遇到特别高规格的宴会或重要活动时，需要紧急采购的原料就是如此。在这种情况下，饭店往往采用无选择采购的方法，即连同订货单开出空白支票，由供货单位填写。使用此法往往使饭店对该原料的成本失去控制。因此，只有在不得已的情况下才使用，而通常在决定订货之前总要进行一番讨价还价。

3. 招标采购

招标采购是现行采购常见的一种方式。这是一种由使用方提出品种、规格等要求，再由卖方投报价格，并择期公开开标，公开比价，以符合规定的最低价者得标的一种买卖契约行为。此类型的采购具有自由公平竞争等优点，可以使买者以合理的价格购得理想物料，并可杜绝徇私舞弊，不过手续较烦琐费时，不适用于紧急采购与特殊规格货品的采购。

4. 定点采购

定点采购是相对固定在一个或几个价格低、信誉好、品种多、供货足的供货商中采购的方式。这种方式多适用于购买烟酒、调料等，应防止假货，杜绝"三无"产品。在众多供货商中，选择理想的供货商对于做好食品原料采购工作，全面完成采购的任务，具有重要的意义。选择理想的供货商应注意以下几个问题：供应商的经营资格和信誉度，供货商供货能力和价格，供货商的销售服务，供货商供货地点等。

5. 集中采购和联合采购

集中采购适用于大型饭店或集团公司，他们往往建立地区性的采购办公室，为本公司在该地区的各饭店企业采购各种食品原料。具体办法是各饭店将各自所需的原料及数量定期上报采购办公室，办公室汇总以后进行集中采购。订货以后，可根据具体情况由供货单位分别运送到各个饭店，也可由采购办公室统一验收，再行分送。随着连锁饭店和饭店管理集团的出现，许多大型饭店都建立了自己的物流中心或原料配送部门，配送中心以批量采购的方式，降低采购原料的成本，既能保证原料的统一质量规格，又可以有效降低原料的成本。

联合采购是指几个类型相似的餐饮企业为了降低进货成本，对某些共同需要的原料凑成一大批数量，从供货单位进货，因为联合采购数量大，可以享受批发价或优惠价，从而可以降低成本。这种采购方式的优点在于大批量购买，往往可以享受优惠价格；集中采购便于与更多的供应单位联系，因此有更多的挑选余地；集中采购有利于某些原料的大量储存，能保证各饭店的原料供应。

6. 归类采购

即将属于同一类的食品原料、调味品等，向同一个供货单位购买。例如，饭店向一家奶制品公司采购所需要的奶制品原料，向一家食品公司采购所需要的罐头食品，向同一个调味品商店购买所有的调味品原料等。这样，每次只需向供货单位开出一张订单，接收一次送货，处理一张发票，节省了人力和时间。缺点是可能采购的部分原料质量不是同类中最好的。

7. 固定采购与分散采购相结合

为了确保食品的质量和采购的稳定性，可在市场固定采购点，但要灵活不可绝对化。如固定采购点的质量、价格不如市场上其他的供货商，那么就不去固定点采购，与分散市场采购结合起来，这样才能严把采购的质量和价格关。

8. 特殊性采购

采购员、管理员在市场调查、订货展览和采购过程中，发现在申购要求以外的时鲜货、奇缺货、紧俏货及新品种时酌情采购的一种方式。这种方式能使厨师长及时了解市场信息，加速新菜品的开发。

9. 本地采购与外地采购相结合

餐饮经营中，大量的原料都在本地就近购买。但由于市场经济的作用，各地产品的价格都不相同。尤其是海鲜、干货、调料、酒水等，由于进货的途径不同，各地的价格差异较大。这就需要深入市场调查研究，摸清本地和外地的价格行情，有计划地去外地购买同等质量不同价格的食品，存放冷库备用。这样结合采购，一年可降低餐饮经营成本6%以上。

任务 2　厨房原料验收管理

◎ **任务驱动**

1. 验收有哪些基本要求？

2. 验收程序有哪些？

3. 验收中容易出现的问题有哪些？

◎ **知识链接**

　　验收是指验收员检验购入商品的质量是否合格，数量是否准确无误，接收的原料是否全部符合购货要求。为此，要求验收员应具备鉴别商品好坏的能力，特殊的知识和长期积累的经验。管理者应该给验收员规定必要的程序和要求，并要求使用有效的验收方法。

一、原料验收的要求

1. 场地的要求

　　由于餐饮部使用的原料种类繁多，不可能在一个固定的验收场所内对所有的食品原料实施验收工作，因此验收场所会因原料的不同而经常临时变动。一般酒水原料的验收场地应设在酒水仓库附近；干货类食品原料的验收场地应设在食品原料仓库附近；冰冻类原料的验收场地应设在冷库附近；新鲜原料的验收场地应设在厨房初加工间附近；鲜活水产和禽类的验收场地应设在海鲜池和养殖箱附近。

　　因为新鲜原料品种多，验收最为复杂，而其他原料相对品种少且验收简单，所以一般饭店的固定验收场地设在厨房初加工间附近，并在验收场地旁设验收办公室，以方便验收员填写验收单或保管有关票据。食品原料验收场地的配置还要同时考虑到车辆进出是否方便，是否有利于卸车搬运、便于验收堆放和使用搬运工具，环境是否符合食品卫生要求等。验收场地的大小视验收任务量而定，以不影响验收工作为准。

2. 验收设备、工具的要求

　　验收人员为了更有效地工作，应该有合适的设备，例如磅秤、开箱用的工具、搬运货物的手推车、盛装原料的筐箱等。验收原料重量的准确性有赖于称重设备——磅秤，磅秤的称重范围要能满足验收需要，大小合适，重量、数字两面可读，摆放位置合理，最好摆放在验收工作间的门前，以方便操作。规模较大的饭店或有条件的餐饮企业，应根据需要适当配备一些先进的检验检测设备与理化仪器等。

3. 验收人员的要求

食品原料的验收涉及许多方面的知识，比如原料的鲜度、品质、纯度、成熟度，原料的产地、商标、卫生等。如果验收人员没有专业知识和责任心，是无法胜任这一工作的。因此，验收人员必须达到以下要求。

（1）身体健康，讲究清洁卫生。

（2）熟知本企业物品的采购规格和标准。

（3）能够使用验收用的各种设备和工具。

（4）具有鉴别原料品质的能力。

（5）熟悉企业的财务制度，懂得各种票据处理的方法和程序，能加以正确处理。

（6）具有良好的职业道德，以单位利益为重，秉公验收，不图私利，坚持原则。

二、验收程序管理

1. 根据订货单核对原料

首先要依据订货单或订购记录来检查原料，对未办理过订购手续的货物不予受理，以防止盲目进货或有意多进货的现象。不论何种方式采购的原料，验收人员必须根据订货单或订货合同，核验原料品种，同时核验发票，核查票据上所载明的原料品种、规格、单价、数量、金额、时间、供货商和印戳等内容是否与订购要求相符，对于与订购单或订购合同不符的内容进行必要的处理，并及时汇报上级，不符合要求的要拒绝收货。

2. 根据送货发票验收

供货商的送货发票是随同货物一起交付的，供货商送给饭店的结账单是根据发票内容开具的，因此，发票是付款的主要凭证。供货商送来或饭店自己从市场采购回来的原料数量、价格是发票反映的主要内容，故应根据发票来核实验收各种原料的数量和价格。

（1）以个数为单位的原料，必须逐一点数，记录实收数量。

（2）以重量计量的原料，必须逐件过磅，记录净料；水产原料沥水去冰后称量计数，拒收注水掺假原料。

（3）对照随货交送的发票，检查原料数量是否与实际数量相符以及是否与采购订货单原料数量相符。

（4）检查送货发票原料价格是否与采购定价一致，单价与金额是否相符。

（5）如果由于某种原因，发票未随货同到，可开具餐厅印制的备忘清单，注明收到原料的数量等，在正式发票送到以前，以此单据记账。

3. 验收并受理原料

（1）验收数量控制　验收人员对进货的数量进行控制时，首先要根据原料的订货单或订购记录检查清点到货原料的数量与重量是否相符，对于有包装的原料要求开箱检查，对于散装的原料要过磅称重。

（2）验收质量控制　验收人员要检查原料的质量与规格是否符合要求，防止供货商与采购人员串通，以次充好。对于符合要求的原料有发票的则将发票保管好，如果暂时没有发票，应做好原料备忘单的登记，双方人员签字确认，以此作为今后结账的凭据。

（3）不合格原料处理　对质量不符合规格要求或分量不足的原料，填写原料退回通知单，注明理由，并让送货员签字，将通知单随同不合格原料一同退回。

（4）受理原料　前几个程序完成后，验收人员应在送货发票上签字并接收原料。为了方便控制，可以在送货发票或发货单上盖收货章。收货章内容包括收货日期、单价、总金额、验收人员等，验收人员正确填写上述项目并签字。检验认可后的原料，就应由饭店负责，而不再由采购人员或供货商负责。

4. 入库存储

验收后的原料应该及时送入库房，根据不同的储存条件分别储存。有些鲜活易腐的原料，应及时加工。冰冻原料应及时放入相应冷库，防止化冻变质。入库原料在包装上应注明进货日期及进货价格或使用标签，以便存货盘点和了解库存周转情况。

5. 填写相关报表

验收人员填写进货日报表，以免发生重复付款的错误，并可作为进货的控制依据。验收日报表记载饭店每日所购进的原料，记载了原料的品名、规格、单价、金额，并且注明原料的用途和去向等。

饭店采购的原料分两大类：一类是"直接采购原料"，这类原料是易坏、不易储存的原料，必须每日采购、立即使用，验收时直接计入生产成本，如蔬菜、鲜肉、水果等；另一类是"库房采购原料"，原料可以储存一段时间，不立即使用，进入库房后，厨房按照需要领取，将原料的价值再计入成本，如调料、罐头、冷冻品等。

三、验收方法

原料的验收一般有检查品种、规格、数量、质量、包装等常见的验收项目，具体方法如下。

1. 品种验收

验收的第一关，首先检查采购的原料品种是否与使用部门的要求相符。由于厨房原料种类繁多，有些原料的品种也不是验收人员能够准确识别的，对有异议或辨认不清的原料应请有经验的厨师帮助识别验收，以免出现验收失误。

2. 数量验收

对于零散的原料，按计件、计量的规格逐件验收，有些原料以包、盒为单位，有些以重量为单位，这就需要分别清点。对于大件原料（特别是托运原料）要先清点件数，然后再开箱清点数量。

3. 质量验收

对于常见的蔬菜、水果、禽畜肉类，验收员要凭知识和经验通过原料的色泽、气味、滋味、口感、手感、外观等来判别食品原料的质量。

对于水产类原料，验收员要凭知识和经验通过原料的颜色、光泽、气味、外观、鲜活度来判别原料的质量等。

对于包装原料，验收员要查看包装是否完好无损，有无渗漏、破碎，标识标签是否完好，生产日期（保质期）、制造商（经销商）的名称和地址是否齐全等。

对于一些数量较大、从外表又不能鉴定的原料，就要采取抽样检查，从批量中提取少量具有代表性的样品，作为评定该批原料质量的依据。如冰冻虾仁、鲜贝等，化冻后检查其重量和质量。抽样的方法一般有百分比抽样和随机抽样两种。

四、验收中容易出现的问题

（1）货物数量不足或超过订购数量　有的供应商为设法多销售，将没有订购的货物也送来或订购的货物多送。如果发送的货物与订购单的数量不符，多发送的货物要退回并应重开发票。有些发货商有时发送的货物数量不足或掺假，验收时一定要抽样称重，核实包装上的重量是否正确。对于以箱、筐或匣包装的货物要开箱检查，检查箱子特别是下层是否装满或夹带杂物。如果数量不足或夹带杂物，一定要求补回并重开发票。为此验收处应备有各种计量设备。

（2）质价不符，票价不符，以次充好　为防止供应商和采购员以次充好，质价不符，验货时必须对照标准采购书。罐头原料要检查是否过期，是否有胖听现象，查看有关生产厂家地址及出厂日期。蔬菜、水果检查是否有腐烂。肉类检查是否符合规定的部位并注意有无注水。饮料要注意商标标牌与订货单和发票是否相符，并抽样检验质量是否合格。有些供应商在订货时答应了某价格，但在开发票时又有意向上提价，验收时若不注意对照订购单认真检查，往往会造成企业损失。

（3）入库不及时，造成易腐原料折损　验收后的原料如不及时入库存放，就会造成易腐原料损失，为此如需要应及时领用。另外原料入库应有专门人员搬运，不应随便让人搬运，避免在搬运中造成货物丢失。

任务 3　厨房原料储存管理

◎ 任务驱动

　　1. 掌握厨房原料储存管理的要求。

　　2. 库存物品的计价方法有哪些？

◎ 知识链接

一、厨房原料储存管理

　　1. 冷藏库管理

　　冷藏是利用低温抑制细菌繁殖的原理来延长原料的保存期和提高它们的保存质量。常用冰箱、冷藏室对原料进行低温储存。在冷藏库储存的物资有新鲜的鱼、肉、禽类食品；新鲜的蔬菜和水果；蛋类、奶制品；加工后的成品、半成品，包括糕点、冷菜、熟食品、剩菜等；需使用的饮料、啤酒等。所有冷藏食品都必须保存在4℃以下的冷藏间里，一般为0~4℃；水果和蔬菜冷藏库的相对湿度应在85%~95%；肉类、乳制品及混合冷藏库的相对湿度应保持在75%~80%。

　　管理人员要注意控制冷藏室和冰箱的温度和湿度，冷藏室的温度计应安放在温度容易提高之处。如果制冷设备发生故障应立即修理。需要冷藏的原料，在验收后应尽快冷藏。温热的成品和半成品在冷藏前应先冷却再储藏，否则制冷设备容易损坏。

　　储存成品和半成品的冷藏库应保持清洁卫生。生食和熟食要分开储存。在冷藏前要检查食物是否已变质，变质的食物以及脏的食物会污染空气和储存设备，切忌放入冷藏室或冰箱中储存。鱼、肉、禽类原包装盒往往粘有污泥及细菌，要拆除包装盒后储存。有强烈或特殊气味的原料（鱼虾）应在密封的容器中冷藏以免影响其他原料。已加工的半成品和熟食应密封冷藏以免干缩和沾染其他气味。冰箱中如有污水沉积应立即擦掉，以免变质污染空气。

　　冷藏室要保持通风。如果在冷藏期间原料表面变得黏滑，说明冷藏温度过高，通风不良，这可能由于制冷导管凝冰太厚或挥发器堵塞。在一般情况下，制冷导管外凝冰达0.5cm时，应考虑解冰处理，使制冷系统工作正常。如果原料干缩过快，说明湿度过低或空气循环太快。

2. 冷冻库管理

冷冻库是储存保存期较长的冻肉、鱼、蔬菜类食品以及已加工的成品和半成品等食物。冷冻库的温度一般须保持在-24~-18℃；冷冻库应保持高湿度，否则干冷空气会从食品中吸收水分。冷冻技术能够延长原料的储存时间，这样饭店可以大批量购买原料，节约采购、验收、运输的工作量。原料冷冻后易于运输和储存，使原料在加工、处理、销售过程中不易变质。使用速冻的成品和半成品，如涨发好的速冻干贝、速冻饺子、春卷等，能减少加工时间，降低成本。

但是，冷冻储存往往使原料的营养成分、香味、质地、色泽随时间的推移而改变。冷冻储存保质良好的关键有四点。

（1）掌握储藏原料的性质　不同的原料需要不同的冷冻条件，只有掌握各种原料的储存性能，才能保质良好。

（2）冷冻速度要迅速　原料冷冻储存可分为三个步骤：降温—冷冻—储存。为保持原料质量鲜美，要求原料降温和冷冻的速度十分迅速。原料在速冻的情况下，内部冰结晶的颗粒细小，不易损坏原料结构。

为使原料降温和冷冻迅速，要求冷冻设备中的温度非常低，要低于一般冷冻储存的温度，为此有必要使用速冻设备。速冻设备能使温度迅速降至-30℃以下，强低温能使原料迅速降温。由于冷冻储存的原料要求温度稳定，因此原料的速冻过程不要与冷冻储存过程在同一设备中进行。

（3）冷冻储存温度要低　许多原料在0℃温度下已经冰冻但是微生物并没有死亡。有资料证明，食品原料在-18~-1℃的温度下储存时，温度每升高5~10℃，质量下降的速率增加5倍。食物冷冻储存的一般温度宜在-18~-17℃以下。食品原料冷冻可储存时间较长，但这并不等于食品原料可无限制储存。一般食品的冰冻储存不要超过3个月。各类食品冷冻储存的最长时间见表4-2。

表 4-2　　　　　　　　　　　食品冷冻最长储存期

食品原料	最长储存期（储存温度：-18℃）
香肠、肉末、鱼类	1~3 月
猪肉	3~6 月
羊肉、小牛肉	6~9 月
牛肉、禽、蛋类	6~12 月
水果、蔬菜类	一个生长间隔期

冷冻储存的温度要稳定，而且越低越好。冷冻原料的验收要迅速。不能让原料解冻后再储存。冷冻原料一经解冻，特别是鱼、肉、禽类原料应尽快使用，不能再次储存，否则复苏了的微生物将引起食物腐败变质。而且再次速冻会破坏食物的组织结构，影响食物的外观、营养成分和食物香味。

（4）原料解冻处理应适当　鱼、肉、禽类原料宜解冻后再使用。解冻应尽量迅速，在解冻过程中不可受到污染。各类原料应分别解冻，不可混合一起进行解冻。原料的解冻切忌在室温下过夜进行，以免引起细菌微生物的急速增殖，一般应放在冷藏室里解冻，在低于8℃的温度下进行解冻。如果时间紧迫，可将原料用洁净的塑料袋盛装，放在冷水池中浸泡或用冷水冲洗以助解冻。

冷冻的蔬菜、春卷、饺子等食品不用经过解冻便可直接烹调。这些食品不经解冻使用反而能保持色泽和外形。

3. 干货库管理

干货库房存放的干燥原料类别比较复杂，为便于管理，原料要按其属性分类，每个类别、每种原料要有固定的存放位置。温度最好控制在10℃左右，一般为10~22℃；相对湿度应控制在50%~60%。

干藏食品原料的主要类别有米、面粉、豆类食品、粉条、果仁等；食用油、酱油、醋等液体调料以及盐、糖、花椒等固体调料；罐头、瓶装食品，包括罐头和瓶装的鱼、肉、禽类；水果和蔬菜；糖果、饼干、糕点等；干果、蜜饯、脱水蔬菜等。

干货库一般不需要供热和制冷设备，其最佳储存温度为15~21℃。尽管20℃左右是适宜的储存温度，但是修盖库房时要选择一个防晒、远离发热设备的位置，这样较容易达到15℃。如果发热的管道必须通过储存区，要将这些管道隔热。干货库的温度不能超过37℃。温度低些食品的保存期可长些。

干货库应保持相对干燥，湿度大货物会迅速变质。仓库适宜的相对湿度为50%~60%。库房的墙壁、地面反潮，管道滴水，液体货物泄漏等都会引起仓库湿度增加。为保持库房干燥，库房要保持通风良好。按标准每小时应至少保持交换空气4次。

4. 鲜活原料管理

短期存放的新鲜蔬菜和水果，一般储存温度为常温，不需要供热或制冷设备。但某些地区在一年中太冷或太热的气候条件下，有时需要调节一下温度。新鲜蔬菜和水果需要在凉快和较暗的仓库中储存，最适宜的温度为10~15℃，这些原料一般储存2~3天。一些需要放熟的蔬菜和水果，如香蕉、番茄、苹果、梨等，储存温度应高些，最好为18~24℃。需要立即使用的马铃薯可在10℃以上储存，不需当时使用的马铃薯最好低于5℃储存，但在使用前3周要放到10℃以上的温度储存，使马铃薯中的葡萄糖扩散到淀粉中去。

新鲜的蔬菜和水果储存的相对湿度应大一些，最好相对湿度为85%~90%。库内应保持通风，货物放在金属架上最利于通风。大袋蔬菜要注意交叉堆放。

二、库存原料盘存管理

为了掌握原料的实际储存情况，检查会计核算的真实性，每个月或10天左右至少要对原料的库存盘点一次，统计库存的价值。原料的盘点对保证账物相符、正确核算成本具有关键作用，为提高资金周转和经营情况提供依据。库存盘点是库存控制的一种手段，应在管理人员的统一领导下，由库房保管员、厨师长、财会人员及其他有关人员共同组成盘点小组。盘点时，要对每一种库存物质进行实地点数、过磅，财会人员和保管员对原料要先结出余额，检查账卡是否相符；盘点应按保管地点分别进行；凡已付款入账，但尚未办完入库手续的在途中的原料，临时寄存外单位或委托外部加工的原料，应当作为库存原料处理，盘点后要填制盘点表。盘点中发现的原料损失、短缺以及积压和浪费，要认真查明原因，切实加以处理，制定改进措施。对损失数不大的可直接计入成本。

1. 库存物品的计价方法

要计算库存原料的价值，必须确定库存物品的计价方法。在实际清点各种原料后，与各种原料的单价相乘，便得出各种原料的价值，各种原料的价值相加便得到各原料的库存额。但是，有时同种原料在不同时间购进的价格不同，在核算库存额时，有必要先确定库存物资的单价。计算库存原料价格的方法有如下几种。

（1）实际进价法　如果在库存的原料上粘贴或挂上库物标签，标签上写有进货的单价，那么采用实际进价法计算领料的原料单价和库存物资的单价就比较合理。

（2）先进先出法　如果不采用货物标签注明价值，可按照货品库存卡上进料的日期先后，采用先进先出计价法，先购进的价格，在发料时计价发出，而库存则以最近价计价。

（3）后进先出法　由于市场价格不稳定，采用后进先出法可使汇入餐饮成本的原料价值较高而记入库存货的价值较低，这样出现在经营情况表上的经营利润会偏低。采用后进先出法计价，在实际发料时，还是坚持先进的货先发出去，只是价值的计算采用后进先出法。

（4）平均价格法　如果储存的原料数量较大，其市场价格波动也较大，采用上述方法计价较为复杂，可采用平均价格法。平均价格是将全月可动用原料的总价值除以总数量计算出单价。平均价格法需要计算可动用的全部价值和平均价格，比较费时，所以应用不广泛。

（5）最后进价法　如果不采用货物标签，也无货品存卡反映各次进货价格，为方便计算库存额，可采用最后进价法。最后进价法是一律以最后一次进货价格来计算库存的价值。这种方法计价最简单，如果库房没有一套完整的记录卡制度，或者为了节约盘存时间，可采用最后进价法。最后进价法计算的月末库存额不太精确，误差较大。

用上述五种方法计价，会使月末库存额价值不一。饭店要根据财务制度和库存管理制度确定一种计价方法，并统一按该计价法计算，一般不随意变动。

2. 库房库存短缺率的控制

按照原料实际盘点的数量和一定的计价方法计算出库房月末的实际库存额。为控制实际库存额有无短缺，需要将实际库存额与账面库存额比较。

库房账面库存额的核算方法：

月初库存额＋本月采购额－本月发料总额＝月末账面库存额

库存短缺额＝账面库存额－实际库存额

库存短缺率＝库存短缺额/发料总额×100%

月初库房库存额数据从上月末库存额转结而来。本月库房采购额数据从本月验收日报表的库房采购原料的总金额汇总而来。

账面库存额和实际库存额在多数情况下会有差异，这种差异的产生有多种原因。如领料单统计的发料额和月末实物盘点的库存额不是完全按实际进价计价，从而带来金额之差；原料发放称重时的误差，原料储存时的干燥失重，以及管理不严造成的原料腐败变质、丢失、私自挪用等。

按照国际惯例，库存短缺率不应超过1%。如果超过1%，即为不正常短缺，管理员有责任查明原因，采取改进措施，加强各环节的管理。

此外，厨房结存物资的盘点与库房的盘点略有不同。厨房没有库存记录统计制度，没有登记货品的库存卡，存品的计价难以精确；厨房储存物资种类多，数量少，盘点比较困难；厨房物资储存与物资使用频繁，没有使用和消耗的记录，因此计算厨房储存原料的短缺率比较困难。盘点时，只对价值大的主要原料进行逐一点数、称重算出其价值，对类别多、价值小的原料、调料只是毛估一下。

任务 4　厨房原料发放管理

◎ 任务驱动

1. 厨房原料发放的原则有哪些?

2. 怎样控制厨房原料的领用和发放?

◎ 知识链接

一、厨房原料发放原则

1. 手续齐全，凭证完整

领料单是库房发放原料的原始凭证。领料单上正确地记录库房向各厨房发放的原料品名、数量以及实发原料的数量、价格和金额。领料单是库房发出原料的凭证，是计算账面库存额、控制库存短缺的工具，可以反映各厨房向库房领取的价值，是计算厨房餐饮成本的工具。无领料单任何人都不能从库房取走原料，并且领料人只能领取领料单上规定的原料种类和数量。

2. 发放及时、准确

规定每天的领料时间，有利于库房保管，减少库存原料的丢失，避免和减少差错，并能节省领料人员的领料时间。提前送交领料单，还可促使厨房管理人员对次日的顾客流量做出预测，计划次日生产。

3. 保证发放质量

出库工作中还应该对于长期未使用的库品，主动提醒主管人员尽快领用，避免造成腐败、变质、过期和死藏，以提高资金的周转，充分利用仓库空间，提高管理效率。

4. 所有凭证不得涂改

发放时应检查出库是否得到有关负责人的准许，再次核实出库品名、规格、数量。确保能及时满足生产上的要求，同时确保发出的每种原料都有手续和记录；严格执行先入后出的原则，做到物、账、卡三者完全相符。

5. 专人签字

领料单必须由厨师长核准签字，库房才能发料。库房发料后，发料人和收料人都要签字。领料单不能留下空白处，如有应由领料人当面划掉，以免库管人员私自填写。领料单必须一式三份，一联随发出原料交回领料部门，一联转交财务部，一联由库房留存，以汇总每日领料情况。

二、厨房原料发放程序管理

1. 直接发放

（1）直接发放就是货物验收后直接进入厨房，而不经过储存环节的发放方式。

（2）直接发放适用于新鲜蔬菜、牛奶、面包等易变质的原料，而且在进货当天基本上能被消耗掉的。

（3）直接发放的管理必须做到以下三点：

① 食品成本管理员从验收报表中的直接发放栏目中抄录数据，核对单日直接发放、库存发放和厨房剩余原料。

② 报表管理单独分类，可以和其他类型的发放报表一起存档。

③ 其他管理和验收的基本工作，同厨房协调即可。

2. 仓库发放

（1）仓库发放是指原料验收入库后，再由仓库发放到厨房。

（2）仓库发放适用于当天消耗不完，对库存条件有一定要求的原料。

（3）仓库发放的管理必须做到以下三点：

① 要有主管人的签字批准，否则货物不可出库。

② 发放要按照实际需要发货。

③ 财务管理视不同的仓库方法类型而定。

（4）凭单发放的操作程序如下：

① 领料人填写领料单内容。

② 领料人和主管人在领料单上签字。

③ 库管员按单发放，如果特殊情况整批发放，应特别注明。

④ 库管员在领料单上签字。

⑤ 领料单送交领料部门、成本控制员（或财务部）和仓库。

■ 思考题

1. 厨房原料常见的采购形式和采购方法有哪些？

2. 如何控制厨房原料采购的质量？

3. 原料采购的要求有哪些？

4. 验收有哪些基本要求？验收程序有哪些？

5. 如何把好厨房原料储存关？

6. 怎样控制厨房原料的领用和发放？

项目 5

厨房加工生产管理

◎ 学习目标

1. 了解原料加工管理的内容。
2. 了解厨房产品生产的流程。
3. 掌握产品设计的基本思路。
4. 熟悉标准菜谱的作用和内容。
5. 掌握标准食谱的设计方法。

◎ 学习重点

1. 厨房产品生产的流程管理。
2. 标准食谱的设计与使用。

任务 1　厨房加工生产过程管理

◎ **任务驱动**

厨房生产的环节很多，如何在各环节中加以控制，从而保证菜品质量？

◎ **知识链接**

厨房生产管理是指对厨房产品的整个生产、加工制作过程进行有效的计划组织和控制。厨房产品都需要经过很多道工序才能生产出来。菜肴一般要经过：原材料—加工—组配—烹调—装盘。各类菜点生产的工艺有所区别，针对各个生产阶段的特点，明确制定操作标准，规定操作程序，健全相应制度，及时认真地处理生产中出现的问题，则可以对厨房生产进行有效的控制管理。

一、开餐前的组织准备

1. 加工组

将当日所需的蔬菜、禽类、水产等原料加工、分类、分级备用。

2. 切配组

将已经预订的菜肴（如宴会、团队用餐等）及常用的零点菜肴切配好，并将常用的一些原料加工成丝、片、块、丁、花、蓉等备用。

3. 炉灶组

备齐烹制加工所需的各种调料，负责半成品和汤的制作。

4. 冷菜组

制备熟食，切制待用冷菜，拼摆花色冷盘，准备所需的调配料。

5. 点心组

制备常用的点心，备足当天所需的面粉和馅料。

二、原料加工阶段管理

烹饪原料中有不符合食用要求或对人体有害或不利于烹调的部分，在正式烹调前要进行加工处理。加工阶段包括原料的初加工和细加工。初加工是指对鲜活原料进行宰杀、择剔、洗涤、消毒和初步整理，对冰鲜原料的解冻。细加工则是原料的刀工成形。原料加工是厨房生产的第一步，其加工的规格质量和出品时效对下阶段的生产有直接影响。除此之外，加工质量还决定原料出净率的高低，对餐饮产品的成本影响很大。

1．原料初加工环节的管理

（1）初加工过程管理。

①认真检查待加工食品，发现有腐败变质迹象或者其他感官性状异常的，不得加工和使用。

②各种食品原料在使用前应洗净，动物性食品、植物性食品应分池清洗，水产品宜在专用水池清洗。

③在使用前应对外壳进行清洗，必要时消毒处理。

④易腐食品应尽量缩短在常温下的存放时间，加工后应及时使用或冷藏。

⑤切配好的半成品应避免污染，与原料分开存放，并根据性质分类存放。

⑥切配好的食品应按照加工操作规程，在规定时间内使用。

⑦已盛装食品的容器不得直接置于地上，以防止食品污染。

⑧生熟食品的加工工具及容器分开使用并应该标有明显标志。

（2）初加工质量管理 原料初加工质量直接关系到菜肴成品的色、香、味、形及营养和卫生状况。因此，除了控制加工原料的出净率，还需要严格把握加工的规格标准和卫生指标。凡是不符合要求的加工品，禁止流入下一道工序。所以，加工任务分工要明确，一方面有利于分清责任；另一方面可以提高厨师专项技术的熟练程度，有效地保证加工质量。初加工质量主要包括冰冻原料的解冻质量和原料的加工净料率。

①原料解冻质量的控制：冰冻原料加工前必须经过解冻处理，而要使解冻后的原料恢复新鲜的状态，就要尽量减少汁液的流失。解冻时应注意以下几点。

- 解冻媒质要尽量低。用于解冻的空气、水等，其温度要尽量接近冰冻物的温度，使其缓慢解冻。因此，要加强工作的计划性，将需解冻的原料适时提前从冷冻库领至冷藏库进行部分解冻。即使将解冻原料置于空气、水中，也力求将空气、水的温度降低到10℃以下（如用碎冰和冰水等解冻）。切不可操之过急而将冰冻原料直接放在热水中解冻，那样会造成原料外部未经烧煮已经半熟，而内部仍冻结如冰，导致原料内外的营养、质地、感官指标都受到破坏。

- 被解冻原料不直接接触解冻媒质更好。冰冻保存原料主要是抑制其内部微生物活动，以保证其质量。解冻时，微生物随着原料温度的回升而渐渐开始活动，加之解冻需要一定的时间，解冻原料无论是暴露在空气中，还是泡在水里，都容易造成原料氧化、被微生物侵袭和营养流失。因此，若用水解冻时，最好用聚乙烯薄膜包裹解冻原料，然后再进行水泡或水冲解冻。

- 外部和内部解冻所需的时间差要小。解冻时间越长，受污染的机会、原料汁液流失的数量就越多。因此，在解冻时，可采用勤换解冻媒质的方法（如经常更换用于解冻的碎冰和凉水等）以缩短解冻物内外时间差。
- 尽量在半解冻状态下进行烹饪。有些需要用切片机进行切割的原料，如切涮羊肉片、切炖狮子头的肉粒，原料略有化解即可用以切割。

② 原料加工净料率的管理：加工出净率是指加工后可用作做菜的净原料和未经加工的原始原料之比。出净率越高，即原料的利用率越高。因此，把握和控制加工的出净率是十分必要的。具体做法可以采用对比考核法，即对每批新使用的原料进行加工测试，测定出出净率后，再交由加工厨师操作。在加工厨师操作中，对领用原料和加工成品分别进行称量计重，随时检查，检查是否达标，未达到标准要查明原因。如果技术问题所致，要及时采取有效的培训、指导等措施；若是态度问题，则更需强化检查和督导。有必要经常检查下脚料和垃圾桶，检查是否还有可用的部分未被利用，使员工对出净率引起高度重视。

（3）初加工数量管理 原料的加工数量主要取决于厨房切配岗位菜肴原料使用的多少。加工数量应以销售预测为依据，以满足生产为前提，留有适当的储存周转量，避免加工过多而造成质量降低。整个酒店厨房内部可规定各需要加工原料的厨房，如宴会烹调厨房、风味厅厨房、多功能厨房等，应视营业情况于当日统一时间分别向加工厨房审订次日所需加工原料，再由加工厨房汇总，并折算成各类未加工原料，向采购部申购或去仓库领货，进行集中统一加工制作。这样可以较好地控制各类原料的加工数量，并能做到及时周转发货，保证餐饮生产的正常进行。

（4）初加工程序管理。

① 禽类原料加工程序。标准与要求：杀口适当，血液放尽；羽毛去除，洗涤干净；内脏、杂物去尽，物尽其用。其步骤如下：

- 备齐待加工禽类原料，准备用具、盛器。
- 宰杀煺毛。
- 根据不同做菜要求，进行分割，洗净沥干。
- 将加工后的禽类原料交给切割岗位切割；剩余禽类用保鲜膜封存好，放置冷藏库中的固定位置待用。

② 肉类原料加工程序。标准与要求：部位准确，物尽其用；污秽、杂毛、筋腱剔尽；分类整齐，品种不互串。其步骤如下：

- 备齐待加工肉类原料，准备用具、盛器。
- 根据菜肴烹调规格要求，将所需用的猪、牛、羊等肉类原料进行不同的洗涤和切割。
- 将加工后的肉类交给上浆岗位浆制，剩余部分用保鲜膜封好，分别放置冷藏库规定位置或放入冰箱待用。

③ 水产类原料加工程序。标准与要求：

● 鱼。除尽污秽杂物，去鳞者去尽，留鳞则完整；血放尽，鳃除尽，内脏杂物去除。

● 虾。须壳、泥肠、脑中污泥等去尽。

● 河蟹。整只用蟹刷洗干净，捆扎整齐；剔取蟹粉，肉、壳分清，壳中不带肉，肉中无碎壳，蟹肉与蟹黄分别放置。

● 海蟹。去尽爪尖及不能食用部位。

其步骤如下：

● 备齐加工的水产品，准备用具和盛器。

● 对虾、蟹、鱼等各类原料进行不同的宰杀加工，洗净沥干，交给切割岗位。

● 剩余部分放置冷藏库中待用。

● 剔蟹粉。蟹蒸熟，分别剔取蟹肉、蟹黄，用保鲜膜封好，放入冷藏库待用。

● 清洁场地，清运垃圾，清理用具，妥善保管。

④ 蔬菜类原料加工程序。标准与要求：无老叶、老根、老皮及叶筋等不能食用部分；修削整齐，符合规格要求；无泥沙、虫卵，洗涤干净，沥干水分；合理放置，不受污染。其步骤如下：

● 备齐蔬菜品种和数量，准备用具及盛器。

● 按做菜要求对蔬菜进行拣择或去皮，择取嫩叶、芯。

● 分类洗涤蔬菜，保持其完好，沥干水分，置于筐内。

● 交给厨房领用或送冷藏库暂存待用。

● 清洁场地，清运垃圾，清理用具，妥善保管。

2. 原料加工成形的管理

原料切割成形是对完整原料分解切割，使之成为组配菜肴所需的基本形状。原料切割成一定形状后，不仅具有了美观的形状，还为实现原料的最佳成熟度提供了基础条件。

（1）原料加工成形质量管理　原料形状规格整齐，才能受热入味均匀。一般整块原料无法进行烹制，切割成长短、大小、厚薄形状一致的小块，才能在烹制加热时便于掌握时间长短和火候大小，使原料受热均匀、成熟时间一致，同时，才能使原料均匀适度地入味。加工处理时必须根据原料性质和菜肴要求计划用料，量材使用，做到大材大用，小材小用，下刀准确，落刀成材，防止浪费。

（2）原料加工成形程序管理　标准与要求：能按规定的形状对原料切割加工。要求成形大小相等，长短一致，厚薄均匀，加工合理，物尽其用。其步骤如下：

● 备齐需切割的原料，解冻至可切割状态，准备好刀具、案板和盛器。

● 对切割原料进行初步整理，去除筋膜、皮毛等。

● 根据菜点进行刀工切割。

- 保鲜或交送下一岗位。
- 打扫卫生，处理下脚料，清运垃圾。

三、配伍阶段管理

菜肴配伍，是根据标准菜谱及菜肴的成品质量特点，将菜肴的主辅料及小料进行有机组合、配伍以提供给炉灶岗位进行烹调的操作过程。配伍是烹调前的一道不可缺少的工序，是烹调工艺的重要环节。通过配伍，使得菜肴进入了定型、定量、定质、定营养、定成本的阶段。

1. 配伍数量的管理

菜肴的原料组成是构成该菜品的物质基础，各种原料的数量或它们之间的比例直接影响菜肴的成本，所谓"差之毫厘，谬以千里"。同时菜品外形也会受到影响，或过于单薄不饱满，或过于臃肿不俊俏。所以配伍的数量控制至关重要，若控制不当，不仅影响菜肴的质量稳定，而且还会使原料大量流失，菜肴成本居高不下，严重危害酒店的经济效益和社会效益。配伍时必须依据标准食谱规定的规格标准，用秤称量、论个计数，管理人员应加强岗位监督和检查。配伍标准化既保证了就餐客人的利益，又对饭店的经营负责，有利于塑造良好的产品形象和企业口碑，实现客人和企业的双赢。

2. 配伍质量的管理

菜肴配伍，首先要做到同菜同料。配伍不一致会导致菜肴质量、销售价格无法控制，影响企业形象和经济效益。配菜厨师应熟练掌握标准菜谱要求，熟记于心，自觉执行。配菜时一要防止和杜绝配错菜、配重菜和配漏菜，要凭单据按规格及时配制，并按单据的先后顺序依次配制，紧急情况、特殊菜肴应灵活对待。二要考虑烹调操作的方便性。要求每份菜肴的主料、辅料、小料的放置要合理规范，采取"三料三盘"分别放置的方法。这样烹调人员就清晰可辨、一目了然，操作十分方便，为提高出品速度以及质量提供了便利。

四、烹调阶段管理

烹调阶段是餐饮产品生产的最后一个阶段，是将已经组配好的主辅料、调料按照烹调程序进行烹制，使菜肴原料变成成品，确定了菜肴的色、香、味、形、质等感官效果。

1. 烹调过程的管理

烹调过程主要包括打荷、盘饰用品制作、炉灶烹制等工作。

（1）打荷工作程序（表5-1）。

表 5-1 打荷工作程序

标准与要求	步骤
1. 台面清洁，调味品种齐全，存放有序。 2. 汤料洗净，吊汤用火恰当。 3. 餐具种类齐全，盘饰花卉数量充裕。 4. 分派菜肴给炉灶烹调适当，符合炉灶厨师技术特长。 5. 符合出菜顺序，出菜速度适当。 6. 餐具与菜肴相配，盘饰菜肴美观大方。 7. 盘饰速度快捷，形象完整。 8. 打荷台面干爽，剩余用品收藏及时。	1. 清理工作台，取出、备齐调味汁及糨糊。 2. 领取吊汤用料，吊汤。 3. 根据营业情况，备齐餐具，领取盘饰花卉。 4. 传送、分派各类菜给炉灶厨师烹调。 5. 为烹调好的菜肴提供餐具，整理菜肴，进行盘饰。 6. 将已装饰好的菜肴传递至出菜位置。 7. 清洁工作台，用剩的装饰花卉和调味汁、糨糊冷藏，餐具归还原位。 8. 洗晾抹布，关锁工作门柜。

（2）盘饰用品制作程序（表5-2）。

表 5-2 盘饰用品制作程序

标准与要求	步骤
1. 盘饰花卉至少有 5 个品种，数量足够。 2. 每餐开餐前 30 分钟备齐。	1. 领取、备齐食品雕刻用原料，如番茄、香菜、巧克力插件等。 2. 清理工作台，准备各类刀具及盛放花卉用盛器。 3. 根据点缀菜肴需要，制作盘饰品如花卉、土豆泥、果酱等。 4. 整理、择取一定数量的番茄、菜头、菜心、香菜等置于盛器内，留待盘饰使用。 5. 将雕刻、整理好的花卉及蔬菜，采取保鲜措施供开餐装饰使用。 6. 清理保管雕刻工具、用具，整理卫生，归还余料。

（3）炉灶烹制工作程序（表5-3）。

表 5-3 炉灶烹制工作程序

标准与要求	步骤
1. 设备运转正常，工具齐全正确放置，灶台干净，正确开启设备。 2. 调料摆放合理，数量适当。 3. 烹调用汤准备充足，符合菜肴要求。 4. 初加工保持原料品质。 5. 制糊投料比例准确，厚薄适当，糊中无颗粒及异物。 6. 调味下料准确适时，口味色泽符合要求。 7. 菜肴烹制及时迅速，装盘美观。 8. 保持工作区清洁卫生。	1. 检查设备，准备用具，开启设备使之处于运行状态。 2. 打扫清洗工具。 3. 预制加工对原料进行初步熟处理。 4. 吊制烹调用汤，为菜肴烹制做好准备。 5. 备齐调料，熬制各种调味汁，准备烹调用糊。 6. 听从打荷的安排，对菜肴按程序、按标准进行烹调，并随时保持灶面清洁。 7. 处理餐厅退菜和二次加热烹制。 8. 开餐结束妥善保管剩余食品和调料，保管好用具，擦洗灶面，清洁整理工作区，关闭煤气电源。

2. 烹调质量的管理

烹调质量等于菜品质量，烹调质量控制不好，菜肴回炉返工率增加，费工费时，顾客不满意，酒店形象受损。因此烹调质量切不可粗心大意，掉以轻心。烹调质量管理主要应从烹调厨师的操作规范、烹制数量、出菜速度、成菜口味、质地、温度以及对失手菜肴的处理等几个方面加以监督、控制。厨师服从打荷派菜安排，按正常出菜和客人要求的出菜速度烹制出品。在烹调过程中，要督导厨师按照规定操作程序进行烹制，并按规定的配料比例投放调料，不可以随心所欲，任意发挥。一家饭店的一道菜品，只能以一个风格和一种面貌出现。另外，控制炉灶一次菜肴出品的烹制量也是保证出品质量的重要措施。坚持菜肴少炒勤烹，一锅成菜，既能做到每席菜肴出品及时，又可减少因炒熟分配不均而产生的误会和麻烦。

五、点心生产管理

无点不成席，点心是宴席不可或缺的组成部分。一般以米、面为主要原料，配以适当的馅心经各种手法成形、加热、成熟而成。可分为咸、甜、淡味和咸甜味。在宴席中可以起到调剂口味、平衡膳食的作用，由酒店的面点房制作完成，跟菜或在就餐的最后上桌。

1. 点心的数量、质量管理

点心是宴席成本构成的一部分，其数量的控制包括两个方面：一是每份点心的个数，二是每个点心的用料数量。这些不仅关系到点心的质量、风味，还影响到点心的成本，个数多了装盘不美观，少了影响宴席氛围。用料比例不当，保持不了产品应有的品质。因此，加强点心生产的分量和数量控制是十分必要的。控制点心数量的有效办法是按照酒店的实际情况规定点心生产和装盘规格标准，并督导执行。

宴席点心要求制作精细，造型优美，精巧细致，小巧玲珑，客人食用后才能留下美好的印象。在和面、拌料、造型、烘烤烹制等过程应该严格执行用料比例，做到搅拌或揉搓均匀，造型标准、美观大方、均匀光滑，成熟火候恰当，实现对点心质量的控制。

2. 点心制作标准与程序

点心制作标准与程序如表5-4所示。

表 5-4　　　　　　　　　　点心制作标准与程序

标准与要求	程序
1. 造型美观，盛器正确，每客分量准确。 2. 装盘整齐，口味符合其特点要求。 3. 零点点心接订单后10分钟内出品。已预订宴会，其点心在开餐前备齐，开餐即听候出品。	1. 根据面点生产任务领取备齐各类原料，准备用具及餐具。 2. 检查整理烤箱、蒸笼的卫生和安全使用情况。 3. 加工制作馅心及其他半成品，切配各类料头，预制部分宴会或团体用餐的点心。 4. 接受订单，按规格制作出品各类点心。 5. 开餐结束，清洁整理冰箱，将剩余点心原料、半成品、成品及调味品分类放入冰箱。 6. 清洁整理工作区域、烤箱、蒸笼，清洁用具。

六、冷菜生产管理

冷菜是宴席的重要内容，以开胃、佐酒为目的，首先与客人见面。出品优良的冷菜可以刺激客人的食欲，增加宴席的气氛，给客人留下美好的第一印象。

1. 冷菜的数量、质量管理

冷菜由专门的岗位在独立的场所制作。与热菜不同，冷菜大多在烹调后切配装盘，多以小盘餐具盛装，分量要求标准，每份的用量，拼盘的原料组合，都应适量、饱满，以恰好满足佐酒为度。在装盘时要按照一定的规格要求去做，不能随心所欲而损害顾客或酒店的利益。冷菜的色彩、口味、拼装造型反映其质量优劣，常言道："看人先看面，看菜先看色"，要求色泽鲜艳和谐、口味独特、造型多变、切配精细、布局整齐。制作冷菜要有过硬的刀工技术，刀面整齐，刀口平整漂亮。熟制原料要冷却后进行加工，必要时将原料压制平整结实易于操作，做到整料整用、次料次用，下脚料综合利用。为保持口味一致可以由经验丰富的厨师调制统一的调味汁，这样就能保证风味的纯正和一致性。冷菜制作完成后客人直接食用，因此，厨房的清洁卫生，原料的新鲜度，餐盘用具是否消毒，厨师仪容仪表和个人卫生都要引起高度重视，杜绝食品安全隐患。这也是冷菜出品质量的重要内容。

2. 冷菜制作标准与程序

冷菜制作标准与程序如表5-5所示。

表5-5 冷菜制作标准与程序

标准与要求	程序
1. 造型美观，盛器正确，分量标准。 2. 色彩鲜艳，口味纯正。 3. 出品及时正确，零点冷菜接订单后3分钟内上菜；预订宴会在开餐前20分钟备齐。	1. 上班后，个人整理仪容仪表，对冷菜间消毒杀菌。 2. 了解任务，严格备料，备齐餐具及用具。 3. 按规格加工，烹制冷菜及调味汁。 4. 开餐后装盘调味，按单走菜。 5. 工作结束整理清洁冰箱，处理余料，用具清洗消毒，打扫工作间。

任务 2　菜单设计与制定

◎ **任务驱动**

1. 宴席菜单的作用有哪些？

2. 如何设计宴席菜单？

3. 宴席菜单如何运用？

4. 营养食谱设计的程序有哪些？

◎ 知识链接

一、宴席菜单的作用与设计

宴席也称筵席，是人们为某种社交目的，以一定规格的菜品、酒水和礼仪来款待宾客的聚餐形式。宴席菜单是经过精心设计、装帧精美的菜单，反映了酒店的烹调技艺、审美思想和文化内涵，是宾客与酒店沟通的桥梁。菜肴要求用料讲究、制作精细、外形美观、搭配得当、营养科学，能烘托宴席的主题，突出饮食文化特色。菜肴是体现餐厅水平特色的重要标志。一套完整的宴席菜单要由酒店的相关人员根据顾客需求共同设计完成，才能设计出顾客满意、餐厅获利的双赢菜单。

1. 宴席菜单的作用

（1）宴席菜单可以统筹多个餐饮部门　首先是人员，宴席菜单在制作时不仅要考虑烹饪技艺水准，还要考虑服务人员的服务技能和经验。宴席菜单能使厨师和服务人员按程序有条理地做好各项工作，便于指挥、监督和指导。服务人员也能在上菜过程中做到心中有数，防止忙乱中出错。其次是原料，食品原料的采购和储藏是宴席的物质保障，宴席菜单是采购和储藏工作的指南，决定了采购的内容和规模以及储藏的要求。最后是设备，人们常说："三分手艺，七分工具"。宴席菜单上的菜品在根据客人要求制作时，首先要考虑本酒店的设备和设施能否顺利完成制作的需要。每种菜肴需要相应的烹饪加工设备，菜肴的水准越高，种类越丰富，所需要的设备和餐具就越特殊。如一场蟹宴需要配备钳子和洗手盅，制作北京烤鸭需要挂炉。由此可以看出菜肴与设备具有不可分割性，酒店的设备性能、数量通过菜单可见端倪。

（2）宴席菜单是重要的宣传工具　宴席是供多人聚餐的一种形式，参加人员相对较集中。宾客在开餐前希望了解宴席菜点的安排以及菜点的名称和特色，而此时编制好的菜单无疑是最好的宣传媒介，也是宴席营销和预定的最佳时机，因为菜单能给客人"未见其人，先闻其声"的效果，特别是经过精心设计的菜单，能给客人留下美好的印象。客人口碑相传，会带来更多的客源，扩大酒店的声誉，提升品牌的影响力。

（3）宴席菜单是企业盈利的关键　宴席菜品用料讲究，制作精良。菜单的品种决定着餐饮成本的高低，精雕细琢、费尽心思的菜品会增加食物成本和人力成本，延长服务时间，影响服务质量。企业在设计菜单时要充分考虑原料的市场情况，如价格、上市情况，仔细核算食品成本给菜单一个合理的定价。菜式的品种、品质、数量是成本控制的关键，影响企业盈利。

2. 宴席菜单的设计

宴席菜单的设计，不是几道菜点的简单组合，而是一系列食品的艺术组合，设计好宴席菜单，是宴席实施的第一步。它包括菜点设计和菜单装帧设计。

（1）菜点设计　菜点设计是菜单设计的核心。宴席菜品的格式大体一致，主要包括凉菜、热菜、甜菜、点心、汤、水果等内容。凉菜要求造型别致，味透肌理，起到先声夺人的作用。热菜用料丰富，气势宏大，显示宴席的精彩部分。点心小巧玲珑，品位独特。汤品滋润可心，能体现厨艺。水果色彩艳丽，绚丽多姿，餐后起到锦上添花的作用。设计时，一是要考虑客人举办宴会的意图，掌握其喜好和特点，突出宴会主题，并尽可能了解参加宴会人员的身份、国籍、民族、宗教信仰、饮食嗜好和禁忌，从而使菜单内容满足客人的爱好和需求；二是要注意凉菜、热菜、点心、汤和水果的合理搭配，富于变化，分清层次，突出主菜，菜点原料、味型、形态、质感及烹调方法要丰富多样，防止原料相同，口味雷同，烹调方法单调，色泽不鲜明，质感无差异；三是原料尽量本土化，可以利用当地的名贵原料，充分显示当地的饮食习惯和风土人情，施展本地、本酒店的技术专长，运用独特技法，力求新颖别致，突显风格；四是好的菜点要配上优雅的名称，宴席菜点的名称更要注重寓意、情景和情趣，突出和烘托宴会主题，体现浓厚的文化色彩，表达美好的祝愿。

（2）菜单装帧设计　宴席菜单的装帧设计主要体现在制作菜单的材料、色彩、形状、大小、款式文字和图片等方面。纸张是菜单的基础，一份菜单的精美程度会通过纸张来体现。菜单使用时间长短应选择对应的纸张。菜单的标准色宜淡雅不宜浓，宜简不宜多，否则会影响主题的效果。菜单的形状、大小、款式根据视觉习惯应便于阅读，可分为单页、对折、三折。这要与餐厅的环境相协调，符合餐厅的氛围和文化。菜单的文字和图片所占空间的比例要合理，字数太多使人眼花缭乱，字数太少客人不能得到充足的信息。在字体选择上可以灵活多变，如飘逸的毛笔字、幼稚活泼的卡通字或古老的隶书都是常用的字体。图片一般有祝寿的寿星，比翼双飞的爱情鸟，新人的结婚照片或某单位的标志性物件等。总之，一份完美的菜单是一件精美的艺术品，需要设计者发挥自己的聪明才智，运用各种元素制作出别致、新颖、赏心悦目的菜单来。

二、宴席菜单的运用

宴席菜单对于餐饮业而言的重要性就像各种工程的图纸预算一样，是餐饮企业业务活动的总纲。特别是大型接待活动，宴席菜单拟定好以后，涉及酒店的诸多部门，需要各部门的通力协作才能完成任务。宴席菜单在运用时主要涉及两个关键部门：前厅和后厨。

1. 前厅主导方面

一方面服务人员能根据菜单的内容做好服务准备，服务员提前熟悉宴席菜单的主要菜点的风味特色，做好上菜时派菜和回答宾客对菜点提出询问的思想准备。另一方面熟知菜单的服务程序，能在上菜过程中做到心中有数，保证准确无误地进行上菜服务，做到忙而不乱，忙而有序。另外，菜单图文并茂，造型创意别具一格，因而要在餐厅中充分发挥它的宣传作用。恰当的摆放，适时的传递，可以吸引宾客的注意力，使其感觉新奇有趣，乐于阅读，喜欢把玩，增加宾客对企业的认知，从而开发新客源。

2. 后厨制作方面

宴席菜单对整个宴席的实施过程有着十分重要的意义。餐饮业在制作宴席之前，就要事先设计好菜单，以便宴席在制作过程中有序进行，保证接待任务顺利完成。宴席的主题、规格、风味、品位在一份菜单中都能体现出来。不论是原料、菜品的精细程度、餐具的规格档次，还是宴席就餐环境及服务礼仪都表明了宴席的档次，这些都是后厨人员在加工制作时人力、物力安排的依据。菜点的排列顺序，指明了出菜的顺序，厨房能据此做好各项工作，相互协调、全力以赴，利于管理人员统一指挥，把握宴席的节奏。

三、营养食谱的设计

人类需要的食物有成千上万种，但是没有一种食物能够满足人体对营养素的全部需求。因此，必须精心设计食谱，根据进餐者的生活以及膳食营养供给量标准，对食物的种类和数量进行合理的选择和巧妙地搭配，为人体提供全面、均衡、适量的营养素，使人们通过膳食来实现人体对各种营养素和能量的全面需要，防止营养缺乏、营养障碍、营养过剩等人体营养不协调的状况。这样的食谱便是营养食谱，它可以指导餐饮食堂和家庭饮食一日三餐的合理安排，保障和促进人体的健康。

1. 营养食谱的设计原则

（1）食物品种丰富多样　营养食谱选择的食物包括粮食类、动物类、大豆类、蔬菜类和油脂类。粮食类食物主要供给人体热能、B族维生素、蛋白质以及无机盐。动物类食物和大豆类食物包括鸡、鱼、肉、蛋、大豆及其制品，它们主要的营养作用是提供优质蛋白质、脂溶性维生素、无机盐和脂肪。蔬菜是维生素和无机盐、膳食纤维的重要来源。油脂主要指烹调用油，可以供给人体热能和必需脂肪酸，并促进脂溶性营养素的吸收。

（2）合理分配一日三餐的热能　早餐占全天总热能的30%，午餐占40%，晚餐占30%。早餐的食物应安排热量高、蛋白质和淀粉丰富、体积小的食物，主食一到两种为宜，例如牛奶或豆浆搭配鸡蛋、面包或馒头的混合餐；蔬菜也是不可少的，同时要补充水分。午餐热量要充足，可以选择脂肪、蛋白质高的食物作为副食品，主食一到两种，食物中要有蔬菜品种。晚餐要尽量清淡，可以选择易消化吸收食物，如蔬菜与瘦肉、豆制品搭配的食品。

（3）选料科学，注重美味　主食要尽量选择标准米、标准面，少选精白米、精白面，各种食物必须新鲜、干净、安全，无毒无害。菜点安排注重美味，制作精细，能促进食欲，帮助消化，提高营养素的吸收。

2. 营养食谱的设计程序

（1）确定用餐者热能及营养素的全日供给量标准值。

通过了解进餐者的基本情况，查询各类人员全日能量供给量表格来确定。

（2）计算碳水化合物、脂肪和蛋白质的供给量。

理论数据：碳水化合物占总热能的60%~70%，脂肪占20%~25%，蛋白质占10%~12%。生热系数分别为：碳水化合物4kcal/g，脂肪9kcal/g，蛋白质4kcal/g（1kcal=4.18kJ）。

（3）确定主副食的品种和数量。

计算出三种能量营养素的需求量后，根据食物成分表就可以确定主食和副食的品种和数量。在选择时，要综合考虑市场情况、食品卫生要求、食物间的营养互补、食物相克、烹饪方法、"平衡膳食宝塔"推荐的食物种类及数量等方面。

（4）合理分配三餐的食物编制食谱。

根据饮食习惯、一天能量的安排和胃肠的消化功能把所需的食物分到三餐，做到有主有副，有荤有素，有干有稀，有周密的烹调计划，实现菜点口味变化多样，增进食欲。

（5）评价和调整。

要达到合理膳食，需要考虑各种因素的综合作用，通过营养成分的计算反复调整食物的种类和数量。

3. 营养食谱的设计模式

营养食谱的设计模式如表5-6所示。

表5-6　　　　　　　　　　　营养食谱

餐次	主副食品种、水果		用料品种数量
早餐	主食：		
	副食：		
午餐	主食：		
	副食：		
晚餐	主食：		
	副食：		

任务 3　厨房产品标准的设定

◎ 任务驱动

1. 标准食谱在餐饮业中有何作用？
2. 标准食谱的具体内容有哪些？

◎ 知识链接

现代餐饮企业能够立足于不败之地，必然有制胜的法宝。取胜之道就是菜品质量一直保持稳定，有规范的程序和标准。正如肯德基、麦当劳成功的秘诀之一就是标准化，能让顾客在任何地方都能吃到相同口味的美食。食品标准化势在必行，它能够帮助企业统一生产标准，促进企业良性发展。

一、标准食谱的作用

标准食谱以食谱的形式制作，比普通食谱更加规范和详细。具体来说就是指餐厅为规范餐饮产品的制作过程、产品质量、装盘规格与成本核算而制定的菜品配方、数量、制作方法、成品特点、装盘要求、质量标准及成本标准的说明书。既可以用来培训厨师，指导服务员的服务，控制菜品的成本，更好地维护企业利益，也可以用来确保顾客享用的菜品质量、数量的稳定，从而更好地保护消费者的利益，促进企业与社会和谐发展。

二、标准食谱的具体内容

1. 菜品名称及基本技术指标

酒店的菜品名称具有很强的感染力，顾客消费先从菜名开始。一个酒店的菜品名称必须统一标准，这个名称与印刷在菜单上的名称保持一致，否则员工和顾客会迷茫混乱，无所适从。标准食谱还要指明菜点的加工技术要求，厨师在制作时，可以按要求加工料理。

2. 标准配料量

菜品的用料量，包括主料、配料、小料及调料的数量。数量应以法定单位标注，要清楚明确、易于计数。特别是调料的标注一定要有确定性，否则厨师难以理解和掌握。普通菜谱往往使用很多模糊量词，如"少许""适量""一勺"等。标准化食谱要使用严格的重量或容量单位，严禁模糊量词的出现。

3. 标准烹调方法及过程

相同的菜肴由于烹调方法和制作过程的不同，最终成菜效果相去甚远，色泽、质地反差较大。比如"芙蓉鱼圆"，鱼肉打成蓉后在水锅里汆熟，洁白光滑，口感清爽细嫩，而在油锅中汆熟则干瘪，入口肥腻。采用标准烹调过程可以避免类似情况的发生。标准烹调程序指菜品的制作顺序与步骤，详细具体地规定菜品烹调用具，加工切配方法，操作顺序，投料时机，温度和时间，装盘器皿及盘饰要求。厨师一看就非常清楚明了。

4. 标准份额

标准份额是一道菜品以一定的价格销售给顾客的规定数量，即每一份菜品的大小可以使用重量、容量来表示。每份菜品的出品量必须达到规定的标准份额，批量生产的菜品要说明按此菜谱制作能产出多少份或供多少人食用，以减少顾客不满及有效控制成本。

5. 标准成本

菜品的主料、辅料、调料构成成本的三要素。在确定标准生产规程时，一份标准份额的菜品需要哪些主料，哪些辅料，哪些调料，用量各是多少都确定以后，再知道每种原料的单位成本就可以汇总出该菜点的成本。通过制定标准就可以得出每份菜点的标准成本。每份菜点的标准成本是控制成本的工具，也是菜品定价的依据。

6. 标准成品质量

成品质量既是厨房生产人员努力的方向，也是顾客的需求，更是酒店特色风格的体现。优质的菜品能赢得更多的回头客，使之成为稳定的客源。为了让顾客每次都吃到相同口味的菜品，厨师要严格按照标准投料并按标准程序加工制作。成品质量表现在成品的色、香、味、形、质、温等方面，描述时要方便操作人员对照、检查，不必面面俱到、拖沓冗长，描述主要特征即可。如"糖醋鲤鱼"，成品应外焦里嫩、酸甜适口。

三、标准食谱的使用

标准食谱是菜品质量控制的手段，是厨师工作的蓝本。菜谱上标明的原料使用顺序要列明，因季节原因调换的须加以说明，温度、时间、工艺过程、产品质量标准、上菜方式等的说明要言简意赅、通俗易懂。酒店要耗费大量的人力和物力对食谱进行推敲、实验，并最终确定。一旦把上述标准确定，在使用时一定要严格按照标准食谱操作，坚持标准的一贯性，维持其严肃性和权威性，只有这样才能为顾客提供质量、风味和数量上完全一致的菜品。应减少随意投料或更改制作程序导致的产品质量不稳定、不一致，真正发挥标准食谱在厨房生产中的积极作用。表5-7为标准食谱格式，供参考。

表 5-7　　　　　　　　　　　　　　　标准食谱格式

菜肴实名		单位成本		编号	
寓意菜名		销售成本		毛利率	
原料	名称	净料用量	刀工工艺：		
主料					
			烹调流程：		
辅料					
			成品特点：		
调料					
器皿要求			制作关键：		
装饰要求					
备注					

任务 4　厨房产品研发与创新

◎ **任务驱动**

　　1. 厨房新产品研发的重要性有哪些？

　　2. 厨房新产品研发的基本原则是什么？

　　3. 厨房新产品研发的基本程序是什么？

◎ **知识链接**

　　现代社会由于科学技术的迅猛发展，餐饮市场瞬息万变，市场竞争异常激烈，餐饮企业要不断地制造热点、卖点，才能吸引消费者再次消费。研发创新就成为餐饮业永恒的主题，也是餐饮业发展的必然规律。美国著名管理学家杜拉克曾经说过："任何企业只有两个基本功能，就是贯彻市场观念和创新，因为他们能创造顾客。"只有创新才能为顾客提供更多的选择机会，满足顾客的消费需求，增强顾客对酒店的信心，从而锁定常客开发新客，这样才能赢得市场，提高经济效益，使企业焕发勃勃生机。因此，厨房产品研发创新是餐饮业在激烈竞争中赖以生存和发展的命脉。

一、厨房新产品研发的重要性

1. 厨房新产品研发是餐饮企业创造客源的最佳途径

随着社会发展变革以及人们生活水平的提高，消费者对酒店的菜品提出了更高的要求，菜品若不能推陈出新、满足和适应消费者的要求，势必将被消费者抛弃，导致退出市场竞争的行列，成为竞争的牺牲品。大家都知道，一道菜第一次吃很好吃，但天天吃、顿顿吃，就会难以下咽。如果换道菜就会有新鲜的感觉，食欲大增。喜新厌旧是人们对口味的追求，餐饮企业若要吸引回头客就必须不断研发新产品。如今，南菜北上、北菜南下现象十分普遍，改良菜、迷踪菜、江湖菜、创意菜、分子美食等受到食客的热捧。一些传统的菜点不符合当代人的饮食要求，已退出历史舞台。由于科学技术和食品加工业的迅速发展，许多新原料和新技术出现，加快了菜点更换的速度。而多功能、自动化的烹饪设备的变化日新月异，推动着烹调技术向前发展。在此社会发展形势下，餐饮企业只有不断地使用新原料、新工艺、新设备，改造原有的菜点，研发新菜点，才不会被顾客遗忘在历史的角落里。

2. 厨房新产品研发是餐饮企业提高经济效益的有效途径

提高经济效益是市场经济下企业追求的目标，也是企业进行经营活动的目的所在。餐饮企业要想生存必须有足够的利润来维持各项开支，入不敷出必将倒闭。利润的获取需要庞大的消费群体，一方面是通过向社会提供优质的产品稳定现有的顾客；另一方面是开发新的产品和消费理念开辟和占有新的消费群。谁在这方面先行一步，谁就能占有先机，就可能引导消费，成为市场的领头羊。餐饮企业只有在研发创新方面大胆作为，才有生存发展和创造财富的最大化的空间。

3. 厨房新产品研发是餐饮企业提高竞争力的重要途径

"适者生存"是自然选择的法则。厨房菜点研发和创新是餐饮企业依赖市场、参与竞争的产物，市场是变化的，市场是发展的。唯一不变的是"变"。现在的我国餐饮市场已经是百家齐鸣、百花争艳、激烈竞争的市场。传统的、现有的菜点不足以应付激烈的市场竞争。竞争的"蓝海战术"是没有竞争。为了取得竞争优势或不在竞争中被淘汰，越来越多的餐饮企业将新菜点研发作为领先、制胜的法宝，经常推出新产品参加各种技能大赛，展示企业的实力，提高企业在市场的信誉、知名度和地位，使企业保持旺盛的生命力，青春永驻。企业如不开发新产品，没有适销对路的菜点源源不断地推向市场，就可能被竞争对手取代，只留无限的遗憾，空悲切。

4. 厨房新产品研发是餐饮企业发展的必然途径

企业的发展靠竞争，竞争靠人才。厨师不断研究、开发、推陈出新，利用各种机会学习、寻找灵感、吸收新的知识，不断充实自己，学习能力和创造能力得到锻炼和提高，业务能力得到增强，员工的工作自觉性、敬业精神明显提高，业绩上升，为企业的发展奠定了坚实的基础。同行之间相互交流心得，能拉近彼此的感情，增强团队的凝聚力，提高员工的工作激情，促使企业蓬勃发展。

二、厨房新产品研发的基本原则

厨房新产品的研发和创新是一个系统的工程，不可漫无目的、盲目随意地进行，它需要遵循一定的原则，否则，一意孤行、随心所欲将会适得其反。

1. 把握时代脉搏，确立研发方向

一切新生事物的发明创造，都是为了满足当时社会背景下人们的实际需求的。菜点的研发、新品的上市也应围绕这个中心服务，必须以市场中的实际需求和潜在的需求为依据，没有需求的菜点研发出来不可能在市场中立足，更不能给企业带来任何效益。因此，餐饮企业在研发新菜点时，一定要关注餐饮业的发展趋势，掌握时代的潮流和时尚的风向标，了解消费者的需求，研究消费者的价值取向，认真分析消费态势，准确把握消费趋势。只有这样，企业推出的新品才会受到消费者的欢迎，才会有广阔的市场前景，才会拥有自己的市场，企业研发新品的目的才会实现：开拓市场，提高效益。当前人们的饮食观念是健康、安全、环保。保健菜、五轻菜、简洁菜、概念菜、意境菜、分子美食等，越来越受到食客的欢迎。菜点研发时必须考虑到人们的这些新需求，顺应时代发展的需要，强调与时俱进，融入饮食时尚和餐饮潮流，赋予菜点生命力和市场价值。

2. 挖掘创造性思维，鼓励研发精神

新菜点的研发是一种积极进取的尝试，有些有成熟的经验可以借鉴，有些有类似的做法可以模仿，但大多则完全靠自己设计和摸索。一般情况下不可以把异地的产品、其他餐饮店的菜点不加改进、生搬硬套。仅仅改个名字，不能算作创新。可以将原料、调料以及烹调方法等重新组合，或对传统菜肴和现有菜肴进行挖掘和收集，在原有制作方法的基础上延伸、升华，触类旁通，从中受到启发研制新的做法，进而创出新品。创新需要知识，需要信息。

知识不仅可以活跃思维、开阔思路，而且能发现、获得更多的资源，少走弯路；获取信息需要多留心，处处留心皆文章。掌握必要的知识，拥有广泛的信息资源，两者有机结合就能获得新的启发，产生新的理念，诞生新的产品。思维僵化、落入俗套、形成定式、故步自封，很难有新品出现；而思维活跃、才思敏捷、敢于进取、挑战陈规、勇于否定、乐于尝试，新品定会源源而生。

3. 坚持社会价值，树立研发法规意识

创新菜点并不是工艺菜、造型菜。研制时要立足制作简捷、味道鲜美、小巧雅致，以大众原料为主。新品若制作特别烦琐，浪费原料惊人，吃法奢靡费事，就不能满足现代消费者快节奏生活的要求，势必影响推广。特别是不利于资源的再生利用、不适应顾客身心健康和优良饮食习惯的菜点不是成功的新品研发。新品不可违规、违法。国家明令禁止使用的动、植物原料不能用；国家规定的原料检疫程序不能省；违规使用原料涨发剂、食品性质改良剂（着色、增香、使质地松软等）的行为不足取。创新要以保护消费者利益、维护消费者身心健康为前提，以诚信、守法、着眼企业长效发展为己任，合理开发利用资源，创造人与自然和谐发展的新篇章。

4. 依据烹饪原理，推敲研发合理性

厨房研发创新的品种以食用为前提，以新颖为重心，表现在新原料、新工艺、新技法或新造型方面。评判依据是菜点的色、香、味、形、营养卫生等基本属性。无论是食用餐具、食用方法、烹饪火候，还是原料质地风味、营养素保持等都应遵守烹饪原理去设计制作，不可随意。一味地追求新、奇、特，没有严格的技术规范，缺乏独特的技术含量，这样的新品上市，食客只会有被欺骗愚弄的感觉，而无任何好感和欣喜之狂。即使一时生意红火，但疯狂之后的灭亡将为期不远。

三、厨房新产品研发的基本程序

厨房新产品研发是在餐饮市场需求和烹饪技术发展的推动下，把产生的新设想通过研究开发和生产演变成具有商品价值的新菜点的过程。新产品研发应在有关人员的统一安排指挥下按照一定的流程，有计划、有步骤地实施。具体的步骤可分为：准备阶段、试制阶段、评审阶段、试销阶段和定型阶段。

1. 准备阶段

古人云"凡事预则立，不预则废。三分做，七分谋。"做任何事情都要进行策划，做好充分的准备，只有考虑成熟、确定方案，做起来才会得心应手、事半功倍。准备阶段的工作

内容是构思创意、设计定位、备齐用料。新菜点研发的过程是从寻求新菜品的构想、创意开始的。如从菜点的原料、色泽、口质感、营养、造型、盛器、装饰和工艺制作等几方面综合考虑。新的创意主要来源于广大顾客的需求和烹饪技术的不断积累。构思创意绝不能凭空臆想，只能靠实际调查研究，"没有调查就没有发言权"，然后与相关人员进行信息交流，再通过艰苦的大脑思维加工而成。设计定位，就是对第一阶段形成的构思和设想进行筛选和优化构思，理清设计思路，确定可行性方案。它直接影响菜点的质量、功用、成本、效益和企业的市场竞争力。首先考虑的是选择什么样的突破口，如：如何命名？原料要求如何？如何造型？准备调制什么味型？使用什么烹调方法？运用什么面团品种？配置何种馅心？从这些方面进行全方位的考虑，以期达到最完美的效果。经过深思熟虑和周密计划后，就应该积极地购买相应的原材料和特殊的设备，为方案的实施做好物质准备。原材料的质量直接影响新菜点的质量效果。原材料的质量把控是整个新品研发过程中不可疏忽的重要环节，绝不可掉以轻心。

2. 试制阶段

试制阶段是将设计构思实现物品化的过程，是厨房新品研发的主要阶段。通过试验制作可以发现构思时的缺陷和偏差，找出新品中存在的不足，发现问题，解决问题，不断试验，总结经验，而后完善。进一步确定菜点的质量、营养、价值、生产流程，最后再确定菜品的有关标准，使菜品各项指标统一规范。

3. 评审阶段

厨房新品试制完成后要进行综合评估，才能上市试销。由相关负责人、权威人士、一般食客组成团体，共同负责从菜点的品质、市场接受程度等方面加以评判。研发人员应主动听取各方意见，对评价意见和信息进行提炼，针对问题加以改进和完善。

4. 试销阶段

新菜品研制以后就需要投入市场，及时了解客人的反应。市场试销就是指将开发出的新菜品投入到餐厅进行销售，以观察菜品的市场反应，通过餐厅的试销得到反馈信息，供制作者参考、分析和不断完善。对就餐顾客的评价信息需进行收集整理，好的方面可加以保留，不好的方面再加以修改，以期达到更加完美的效果。

5. 定型阶段

在广泛听取各方意见，重新提炼升华研发的新品品质后，无论在用料、制作方法，还是菜点口味、造型营养、盛装器皿甚至命名方面都应有统一标准，编排在餐厅的菜单上进行销售。根据餐厅的销售情况，采取有效的方法和措施，以维持、巩固和提高新菜点的质量水平、经营效果和市场影响，促进餐厅的经济效益和社会效益双丰收，为今后的产品创新提供成熟的经验。

■ 思考题

1. 原料解冻需注意哪些问题？
2. 如何保证热菜的产品质量？
3. 宴席菜单设计的依据是什么？
4. 标准食谱的作用和内容是什么？
5. 厨房新产品研发的基本程序是什么？

项目 **6**

—— 项目 **6** ——

厨房产品质量管理

◎ 学习目标

1. 了解厨房产品质量管理的指标。
2. 掌握厨房产品质量的感官鉴别标准。
3. 熟悉厨房产品质量控制的基本方法。

◎ 学习重点

1. 厨房产品质量控制的基本方法。
2. 厨房产品质量的感官鉴别标准。

任务 1　厨房产品质量标准

◎ 任务驱动

    1. 厨房产品质量的基本要素有哪些？

    2. 厨房产品质量的评价标准有哪些？

◎ 知识链接

厨房产品质量即厨房生产出品的菜肴、点心等各类产品的品质。厨房产品质量的好坏、优劣既反映了厨房生产管理人员的技术素质和管理水平，又反映了就餐环境及服务水平。好的厨房产品质量是指提供给顾客食用的产品要无毒无害、营养卫生、芳香可口且易于消化，菜点色、香、味、形、器俱佳，温度适宜。

一、菜品质量标准的基本要求

1. 掌握好生熟

生吃要鲜，保证卫生、无菌；热菜要熟，要烂、酥、软、滑、嫩、清、鲜、脆。

（1）青菜必须保证既熟又脆，色要青绿、口感脆爽，不能炒过，八成熟即可。口味主要靠油来突出，靠少量复合油的复合味（葱姜油、花椒油、香油）来体现。勾芡要薄、少且均匀，要有亮度，盘底不能有油、有汤汁，杜绝青菜出水现象发生。白灼菜口味鲜咸微辣，白灼汁不能太多（盘子深度的1/5），浇油要热少，菜品要整齐美观。上汤菜口味要清鲜、汤汁乳白，原料要2/3浸入汤中，不能出现浮油现象。

（2）肉类的菜要烂，口味要香而不腻，口感要富有弹性。严禁使用亚硝酸钠等化学原料。严格控制嫩肉粉、食粉的用量。

（3）炸类的菜品要酥，呈金黄色，油不能大，不能腻。个别外焦里嫩的菜要保持好原料的水分和鲜嫩度。严格控制炸油的重复使用次数。

（4）海鲜类必须新鲜，口味清淡，料味不能浓，保持原汁原味，不能老、咬不动。绝对不能碜牙、不能有腥味。

（5）热菜一定要热，要保持一定的温度。

2. 掌握好咸淡

菜品口味要温性、中性，要平和、平淡，要体现出复合味。绝不能咸。

（1）复合味是几种味复合在一块，吃起来很舒服，多数人都能接受，不突显某种具体味道，味和味之间相互影响，总体口味比较中和。

① 为体现复合味可在允许加糖的菜里适量地加一点糖。

② 腌制：原料提前加工腌制，生时味由外而入内，熟食味由内而溢到外，丰富原料内涵，主要适合于煎、炸、烙、烹、蒸等。

③ 调料：熟悉各种调料的性质，根据各个菜的特点研究调料，使用调料的特征来提高质量，丰富口味，由于调料更新较快，要不断吸取新调料来促进菜品提高，研究调料有利于研究新菜品，丰富菜品口味。

④ 酱汁：定好标准比例调制酱汁，能够稳定菜品口味，适合酒店菜品标准，能形成自己的特点。

⑤ 汤汁：根据菜品的不同性质使用各种汤汁，提高菜肴复合味，有调料菜品有味道，有好汤菜品有内涵，如白汤、清汤、浓汤、奶汤、羊、肉、鸡、鱼骨汤等。

（2）要求菜品体现原汁原味，尤其是清口青菜及海鲜菜肴，口味避免过重，如过咸、过辣、过酸、过甜、过苦，更不允许有异味腥、膻、臭味等，不能用调料、大料的味道压住本身的味道，突出要求口味（糖醋、酸辣等）。

（3）调料有去异味、调和原料本身不易被人接受味道的作用。不能作为主料体现出主体味，切记食用过量调料会严重影响健康。

（4）汤菜的要求。

① 汤菜盛入盛器中不能太满，以八分满或八分半满为宜。

② 汤菜原料和汤的比例，根据菜的性质不同，比例也不同，但是原料的比例不能超过汤的比例。

③ 汤菜的口味要求如下。

● 清汤菜品：以鲜为主，入口首先体现鲜味而后要体现咸味或其他口味，必须体现原汁原味，不能有油或油绝不能大。

● 浓汤菜品：以香为主，入口首先体现香味而后要有咸味或其他口味，但绝不能加油来体现，要靠汤汁熬出的鲜香味和相关佐辅料来体现。

● 其他口味汤菜：以突出要求口味为主，但不能太烈，必须大多数人都能接受，加少量油来体现复合味和香味。

● 甜汤菜品：甜度不能太大、太浓，最好不加油。

汤类菜如果勾芡，浓稠度以原料刚好不下沉为宜，不能太稠或太稀，可在允许加胡椒的汤中加少许胡椒粉来体现鲜香味。质量检查过程品尝汤时，如果感觉口味正好，说明此汤菜口味重，如果口味稍轻，说明正好，如果无味要多几次调味，并且仔细品尝。

3. 注意造型要美观、要鲜艳、要整齐

（1）切　根据原料性质、菜品要求将原料切出规则的形状并且要均匀一致。

（2）配　根据菜品的要求及各种原料的性质在形状、颜色、营养、口感方面做好原料的

搭配。禁止因装点而影响口味，注意点缀用小料、配料、装饰品的口味、液汁不能对菜品有影响。

（3）烹　体现出原料的本身颜色，以自然色和接近自然色为主。严禁使用人工色素及任何食品添加剂等。青绿、金黄、酱红、枣红等颜色能够增进食欲但关键要新鲜。

（4）装　盘饰点缀要精致、简单、新鲜，要配合好菜肴的特点，点缀原料要丰富，切记不能因点缀装盘而影响菜品质量，菜品、盘饰要协调一致，要融为一体，雕刻、菜品、大小盘不能有孤立感。注意盘饰与菜肴的比例，起到画龙点睛的作用，大房间（14人台以上）用14寸（1寸=3.33cm）以上盘子，采用大盘套小盘，放大型雕刻点缀；中房间（10~14人）用12寸（1寸=3.33cm）以上盘子加雕刻点缀。

4. 菜品要注意食品卫生，杜绝异物出现。

（1）餐具必须消毒，热菜盘子必须热或烫手。

（2）青菜要先洗后切，洗前要浸泡30分钟。

（3）原料杜绝腐烂、变质、有异物。

（4）严禁原料以次充好。

（5）严格卫生检查程序，坚持检查餐前、餐中、餐后卫生的结果。

二、厨房产品质量内涵

（1）色是菜之肤　色彩追求自然，色泽追求亮丽。

（2）香是菜之气　（菜在喘气，在呼吸）有生命。

（3）形是菜之姿　厨师要有审美观，要赋予菜的形姿。

（4）器是菜之衣　器皿搭配可使它身价倍增，切忌单调。

（5）质地是菜之骨　酥脆软，要精细。

（6）声是菜之音韵　交流讲话由菜来做，响则能闻。如铁板类、锅仔等。

（7）味是菜之血　调料不只是体现味道更是决定菜品的性质。

（8）温是菜之脉　温度决定风度，热菜上桌一定要烫，要持续，冷菜上桌要凉而不冰。

（9）菜品是营养之本　各种人群需要的营养成分不同，营养正在日益为人类所关注。

（10）卫生是菜之基　餐饮的安心工程，病从口入。

三、厨房产品质量的基本要素

厨房产品同其他食品一样既有相同的质量标准，也有自己的属性，如在产品的可口性、艺术性、科学性、安全性等方面有着更高的要求。

1. 食用安全

民以食为天，食以安为先，人们对食物的安全性倍加重视。厨房产品必须具有安全性，它是作为食品的基本前提，食用安全是不容忽视的属性。食物中不能含有致病菌、病毒、化学污染或天然毒素，否则，会发生食物中毒或食源性疾病而有害人体健康。因此，厨房制作菜点的原料必须经过严格选择，要求无毒无害、清洁卫生，力求烹调加工方法得当，避免加工人员及环境污染菜点，保证为客人提供安全、新鲜、质量好的美食。

2. 温度适中

菜点温度是指经过烹调后的温度。不同的温度可以体现出菜点不同的风格和特色，温度会引起人的视觉、听觉、味觉、触觉的不同反应，菜点的温度没有掌握好，质量就会受到影响。厨房的各类出品应把握在适宜的范围内。冷菜一般需要先烹调后切配装盘，如果原料没有凉透，则在刀工成形时形状不平整，影响造型。如水晶肴肉，没凉透不易成形，影响菜肴外形美观。冷菜一般以15℃左右为宜。热菜的温度必须热而烫，俗话说："一热顶三鲜"，如川菜麻婆豆腐，一定要热得烫口吃起来才过瘾，否则不会有酥、嫩、烫的特殊效果。还有拔丝类的菜肴，一凉就会凝结成块拉不出丝来，趁热上桌食用可拉出千丝万缕，别有情趣。有些菜肴一凉就会变色，如蒜蓉油麦菜，凉了就会色泽变黄变黑，看上去不新鲜。也有许多菜肴不趁热食用，质地会变老变硬。热菜一般在65~70℃。同样一道点心，食用时温度不同口感也会有明显的差别，如蟹黄汤包，热吃时汤汁鲜香，凉吃时则腥而腻口、没有流动的汤汁，食趣也荡然无存，十分扫兴。由此不难看出，只有保持好菜点的温度，才能保持和彰显菜点的特色。

3. 营养卫生

人们饮食活动的目的是获取维持人体正常代谢的营养物质，维持人体代谢能量、代谢物质的转换，以满足生命活动和生活活动的需要，进而达到强身健体，增进健康，预防疾病。由于经济条件和物质水平的提高，人们的饮食不再停留在满足果腹的要求上，而是要营养、保健、意境，既要满足口福又要吃出美丽、吃出健康。厨房产品的营养是否合理尤为重要。由于不同食物所含的营养素不同，只有经过合理的原料搭配，才能使人体获得全面的营养。菜点的原料搭配应考虑营养成分的配合，注意食物的酸碱平衡，在组配菜点时既要考虑必需氨基酸和必需脂肪酸的含量，又要考虑它们之间的比例，另外注意食物中纤维素的数量。整套席点三大生热营养素的热比应有一个合理的分配关系，蛋白质的热能不超过一席总热能的15%，脂肪不超过50%，碳水化合物在30%~40%。为防止营养素的破坏和损失，菜点在加工烹调时应注意合理烹调。

四、厨房产品质量的评价标准

1. 外形美观

菜点的外形是指装盘造型，好的形态给人以舒适的感受，能增进食欲，杂乱的形态则使人产生不快，影响食欲甚至作呕。菜肴的形状与原料本身的形态、加工处理的方法以及烹调后的拼装有着直接的关系。装盘饱满、形象生动的冷菜往往需要厨师的精心设计与制作，采用各种手法拼摆、雕刻等，热菜造型以快捷、神似为主，点心造型应构思巧妙、小巧玲珑、呼之欲出。对菜点"形"的追求要把握分寸，过分精雕细琢，反复触摸摆弄，会污染菜肴或喧宾夺主，违反烹调原理，造成"中看不中用"的花架子。

2. 美味可口

味是菜肴的灵魂，中国烹饪以养为目的，以味为核心，味是中国菜点的第一评价标准，好吃、味美是菜点的本质属性。通常人们所说的酸、甜、苦、辣、咸是五种基本味，也称单一味，把不同的单一味加以组合变化，利用烹饪的其他技术手段，使各种成味物质配合协调，五味调和，调制出的菜肴口味可谓丰富多彩。如川菜就有"吃在中国，味在四川，一菜一格，百菜百味"之说。人们的口味要求并非千篇一律，所谓"物无定味，适口者珍"。对于食物的味觉，化学味觉要鲜美可口，物理味觉要刺激适宜，心理味觉复杂多变，烹饪工作者要研究顾客的需求，投其所好烹制出令人满意的美食来，更好地为顾客服务。

3. 香气浓郁

"闻香下马，知味停车"道出了人们对美味的喜爱，香气是通过人们的嗅觉器官感知食物的感觉。食物的香气有两种层次，一是食物进入口腔之前，食物中的呈味物质飘逸出来的气味对嗅觉器官的刺激而引起的感觉，这就是食物的香气，所以评定菜点的香气有酱香、肉香、蒜香、酒香等。二是食物进入口腔后，在咀嚼吞咽过程中的呈香物质对嗅觉器官的刺激而引起的感觉。如著名的长沙臭豆腐，"闻着臭，吃着香"。我们把这些称为香味，比如芥末、酒等。菜点应该有香气和香味，而不应该有任何膻腥气和异味。烹调时常用挥发、吸附、溶解、渗透等方法来增加菜点的香气。为了给菜点增香才使用，因料而异，遵循原料的本性，方可抑恶扬善，达到理想的增香效果。

4. 质感明确

菜品的质地是菜品与口腔接触时所产生的一种感觉。质地包括这样一些属性，如韧性、弹性、胶性、黏附性、纤维性、切片性及脆性等。通常菜品的质地感觉有细嫩、滑嫩、松软、酥松、焦脆、酥烂、肥糯、粗硬、外焦内嫩等多种类型，是由菜品原料与烹制技法、火候所决定的。每道菜品应具备特有的质感要求，如酥、脆、韧、嫩、烂等，才能为食客所接受选择。

5. 盛器搭配

俗话说："人靠衣服马靠鞍"，美食不如美器，盛器是构成菜品的一项重要组成部分，其作用不仅仅是用来盛装菜品，还有加热保温、映衬菜品、体现规格等多种功能。不同的菜品要有不同盛器与之配合，配合恰当，相映生辉，相得益彰。在选择餐具盛时应考虑以下几个方面。

（1）依菜肴的档次定餐具　菜肴的身价与盛器的贵贱相匹配，可使菜肴锦上添花，更显高雅。

（2）依菜肴的类别定餐具　菜肴有的是大菜、炒菜、冷菜，还有的是汤汁等。根据菜肴的种类不同，应选择适宜的餐具，使之配合协调。

（3）依菜肴的色泽定餐具　一份菜肴选用哪一种色彩的盛器是关系到能否将菜肴显得更加高雅悦目、衬托得更加鲜明美观的关键。

任务 2　厨房产品质量控制

◎ 任务驱动

1. 影响厨房产品质量的因素有哪些？
2. 厨房产品质量控制的要求是什么？

◎ 知识链接

厨房产品质量将直接影响餐饮企业的社会声誉和经济效益。为了追求高质量的出品满足客人的需求，必须加强厨房生产质量控制。

一、影响厨房产品质量的因素

影响厨房产品质量的因素有多个方面，有内在的，也有外在的，无论是主观的还是客观的，只要有一个方面疏忽大意，就会出现问题而导致厨房产品质量下降。因此研究和分析影响厨房产品质量的主要因素，进而采取相应的管理和控制措施，对创造并保持产品合格和优良品质是十分必要的。人是厨房生产的第一要素，厨房产品在很大程度上是靠厨房员工手工制作出来的，而员工在生产过程中自身的因素会对厨房产品质量造成影响。如工作态度、动机、技术、情绪、健康状况以及与其他员工的协作性，还有与领导的关系都会对产品质量有直接影响。

1. 材料不良，就很难生产出良品

好原料加上好的工艺等于好的产品，原料在菜点制作中极其重要，清代袁枚曾说："物性不良，虽易牙烹之，亦无味也"。原料固有品质较好，只要烹饪恰当，产品质量就相对要好。原料先天不足，或是过老过硬，或是过于细小破碎，或是陈旧腐败变质，无论厨师技术多么高明，也精心烹制但产品质量很难合乎标准。

饭好吃，首先米要好，要想做出好饭菜，选材当然很重要。可以想象，不管厨艺多高，面对粗糙的大米、快变味的肉、快枯黄的蔬菜、品质低劣的油，恐怕也无能为力。当然，这样容易产生的误区是，材料是采购的事情，厨师只负责生产，所以对材料不用负责。但对于厨师来说，对经手的原材料必须要仔细查看，对材料不符合要求的，要退回给采购。

2. 不依照标准作业，不良品就会增多

最直观的就是，如果不按一定的标准放盐，菜肴口味会怎样，如果炒菜不按标准时间，要么会夹生，要么会煳掉。若是炖汤，更要按不同时间标准进行火的调整，否则也无法保证菜品质量。虽然厨艺熟练后，这些作业标准已烂熟于心，不需要将标准书挂在墙上，但其制作菜品的过程还是要遵循一定的原则和规律的。而对于新手，就有必要认真学习作业标准，严格按流程作业了。在作业现场，一个产品的形成比一个菜品的形成，有着更复杂、更量化的标准，需遵循更严格的流程，此时，养成"严格依照标准作业"的好习惯就显得尤为重要了。

3. 工作场所不讲究，会造成更多不良

想象一个环境恶劣、苍蝇横行、臭水四溢的厨房，想象一个东西乱摆乱放，甚至盐和味精混放的厨房，这里出来的饭菜将会是什么质量？而工作场所更为讲究，不同的产品对于生产现场有着不同要求，有的需要保持一定的温度，有的需要防静电，有的需要防尘。为保证产品质量，我们对工作场所的讲究当然要比厨房更为严谨。

4. 机器、工具不保养，生产不出良品

工具是烹饪加工的第二要素，工欲善其事，必先利其器，设备优良先进，使用称心如意的工具，工作起来得心应手，设备优良先进齐全会促进厨师的生产效率增高，减少疲劳，工作心情舒畅。

做菜之前一般都要洗锅，若不洗锅，做出来的菜不但看上去很脏，而且影响口味，也就是影响菜的"质量"。同样，持之以恒地保养机器、工具，对产品质量的影响也是不言而喻的。

5. 不良品多，经常返修，交货就有问题

如果做菜的各个环节都出现不良现象，洗菜没洗干净、切菜厚薄不均、炒菜放少了盐，每个环节都需要返工，且不说吃饭的人等得焦急，而且菜的质量肯定难以保障。所谓质量，就是每个环节、每个工序都保证质量，并最终保证成品的质量，产品一旦需要返工，就像菜放少了盐需要回锅，口味，也就是质量一定会受影响。所以"预防错误""树立第一次就做对"才是最经济的质量。

6. 追求质量不是唱高调，而是"满足顾客的要求"

客人希望吃得清淡些，厨师做的菜却很油腻；客人希望吃麻辣的，厨师却做出甜的，即使菜品本身是精品，但只要不是顾客所要求的，就谈不上"高质量"。只站在自己的立场，不了解顾客需求，是不可能做出高质量产品的。这里的顾客既包括终端的消费者，也包括企业内所服务的或对接的下一个工作环节的员工。虽有："口之与味，有同嗜焉"，但众口难调却是事实。不同国家、不同民族、不同宗教信仰有着不同的饮食习惯和风土人情。"食无定味，适口者珍"。说明口味是有差异性的。即使厨房生产完全合乎规范，产品全部达标，在消费过程中，仍有客人会认为"偏咸了""偏淡了""火候不当"等。这就是厨房产品质量因就餐客人的不同生理感受、心理作用而产生的不同评价，也是影响厨房产品质量的宾客因素。

7. 除了减少错误之外还要实施品质持续改进

菜做出来了，厨师往往要品尝一下，找出自己的不足，下次做适当的改进。一个厨艺精湛的厨师一定是经历了这样持续改进的过程，做出的菜才会为大家所称道。众所周知，菜只有更好吃，而没有最好吃，同理，质量也只有更好，没有最好，质量的改进是一个持续不断的过程。

8. 做事不要马马虎虎，得过且过，甚至对工作缺乏热情

一名对做菜缺乏兴趣、丧失了激情的厨师是做不出精美的菜品，一个对自己的工作缺乏兴趣和热情的人，无论拥有多高的技能，如果抱以马马虎虎的态度，都不可能产生高质量的工作结果。

9. 服务销售方面

餐厅销售服务至关重要，服务人员的服务技艺、处事应变能力直接或间接地影响着菜点的质量。来餐厅消费的客人不一定都"懂吃"，缺乏食用经验，错过品尝的最佳时机而影响美味的享受。因此，前台和后厨要密切配合才能创造和保证厨房产品具有较高品质。

10. 其他因素方面

一些特殊因素同样会影响厨房产品的质量，如燃料供应不足，突然停电、停水。餐饮销售量忽高忽低都会导致厨房产品质量下降。

二、厨房产品质量控制的要求

餐饮管理人员欲加强厨房的生产管理，避免一切生产性误差，保证产品始终如一的质量标准和优良性，必须实行厨房产品的质量控制，必须制定相关的质量标准，并对影响菜点质量的各种因素进行分析和全面系统的综合控制。实际工作中应注意以下几点。

1. 制定菜点生产的操作规程和质量标准

厨房操作人员的技术水平良莠不齐，各有千秋，烹制菜点时随心所欲、任意发挥，出现同一道菜有不同的制作程序和成菜效果，菜点口味就会千差万别，影响质量稳定。所以合理的操作程序是创造优质餐饮产品的重要保证，具体的菜点质量标准是达到优质菜点的依据。在制定菜点质量标准和菜点操作规程时，要根据各饭店、厨房的实际情况，结合客人的消费需求，制定出从菜点的制作过程到销售过程的每一个环节的操作程序和质量标准。

2. 提高厨房操作人员的技术水平

厨房操作人员的技术水平和创新能力决定了菜肴质量的优劣。现代饭店业非常重视从业人员的综合素质，特别强调技能的培训，因为只有厨房生产人员的业务水平和技术水平提高了，餐饮产品的质量才有保障。要想提高餐饮产品的质量，就必须对操作人员进行多层次、多类型、多途径的技术培训，促进餐饮产品质量的统一稳定，提高餐饮企业的竞争力。

3. 建立餐饮产品质量检查制度

规范的操作程序和严格的质量标准的执行需要专职人员的督促和检查，否则形同虚设，落下空文。为了确保餐饮产品的质量，必须制定餐饮产品质量检查制度，建立质量检查小组，设立专职的人员督导按规定操作程序进行烹调加工，如有质量不符要退回并追究责任，把好菜点生产和出品的质量关。

4. 加强生产设备管理

厨房设备先进、齐全是厨师的理想，也是高品质菜点生产所必需。为了使设备保持良好的运行，提高生产效率，减少故障和事故发生，应经常对设备进行维修保养等有效管理。

任务 3　厨房产品质量管理方法

◎ 任务驱动

厨房产品质量控制的方法有哪些？

◎ 知识链接

产品质量是企业的命脉。餐饮产品的生产环节多，各个环节连贯性强。由于种种因素的影响，厨房产品质量具有随时发生波动和变化的可能，而厨房管理的主要任务是保证各类出品的质量得到有效的控制。除了制定标准、重视生产、控制折损和现场管理外，还必须采取有效地控制方法，对原材料和成品质量进行控制，防止生产不合格的产品。

一、阶段标准控制法

按照厨房生产的流程，从加工、配伍到烹调三个程序中对菜品质量分别实行严格的检查控制。即采取阶段标准控制法，阶段标准控制法就是针对厨房生产三大阶段不同工作特点，分别设计、制定作业标准，在此基础上加以检查、督导和控制，以达到厨房生产按规定标准加工制作，保持质量稳定。

1. 菜品原料阶段的控制

原料阶段主要包括原料的采购、验收和储存。在这一阶段应重点控制原料的采购规格、验收质量和储存管理方法。

（1）采购　要严格按采购规格书采购各类菜肴原料，确保购进原料能最大限度地发挥应有作用，并使加工生产变得方便快捷。没有制定采购规格标准的一般原料，也应以方便生产为前提，选购规格分量相当、质量上乘的物品，不能贪图便宜省事，购进残次品原料。

（2）验收　全面细致验收，保证进货质量。把不合格原料杜绝在饭店之外，可以减少厨房加工的不少麻烦。验收各类原料，首先要严格按照采购规格书规定的标准；若采购没有制定规格书的原料或新鲜上市的品种，对质量把握不清楚时要及时约请有关专业厨师进行认真检查，确保验收质量。

（3）储存　加强储存原料的管理，防止因原料的保管不当而降低其质量标准。严格区分原料性质，进行分类保藏。各类保藏库要及时检查清理，防止将不合格或变质原料发给厨房用以加工生产。厨房已申领暂存小仓库（周转库）的原料，同样要加强检查清理，确保质量可靠和卫生安全。

2. 菜品生产阶段的控制

在申领原料的数量与质量得到有效控制的前提下，产品生产阶段主要应控制菜肴加工、配份和烹调的质量。

（1）加工 加工是菜肴生产的第一个环节，同时又是原料申领和接收使用的重要环节。进入厨房的原料质量要在这里得到认可，因此要严格计划领料，并检查各类将要用作加工的原料的质量，确认可靠才可进行生产。对各类原料进行加工和切割，要根据烹调做菜需要，事先明确规定加工切割的规格标准，并进行培训，督导执行。原料经过加工切割，大部分动物、水产类原料还需要进行浆制（上浆），这道工序会对菜肴的色泽、嫩度和口味产生较大的影响。如果因人而异，烹调岗位会无所适从，成品难免千差万别。因此，各类菜肴的上浆用料应作出规定，以指导操作。

（2）配份 配份是决定菜肴原料组成及分量的操作。对于大量使用的菜肴主、配料的控制，应要求配份人员严格按标准食谱或菜肴配份规格表，称量取用各类原料，以保证菜肴风味和成本。中菜切配、西菜切配以及冷热的装盘均可规定用料品种和数量。随着菜肴的翻新和菜肴成本的变化，如有必要，厨房管理人员还应及时测试用料比例，调整用料、修订配菜规格，并督导执行。

（3）烹调 烹调是菜肴从原料到成品的成熟环节。质量决定菜肴的色泽、风味和质地等，而且"鼎中之变，精妙微纤"，质量控制尤其显得重要和困难。有效的做法是，在开餐之前将经常使用的主要味型的调味汁，批量集中兑制，以便开餐烹调供各炉头随时取用，以减少因人而异的偏差，保证出品口味质量的一致性。调味汁的调兑应明确专人，根据一定的规格比例制作。

3. 菜品销售阶段的控制

菜肴由厨房烹饪完成即交付餐厅出菜服务。这里有两个环节容易出差错，须加以控制，其一是备餐服务；其二是餐厅上菜服务。

（1）备餐 备餐要为菜肴配齐相应的作料、符合卫生标准的食用器具及用品。加热后调味的菜肴（如炸、蒸、白灼菜肴等）大多需要配作料，如果疏忽，菜肴会淡而无味；有些菜肴不借助一定的器具用品食用起来很不雅观或不方便（如吃整只螃蟹等）。因此，备餐间有必要对有关菜肴的作料和用品的配备情况作出规定，以督促、提醒服务员上菜时注意备齐。

（2）上菜 服务员上菜服务，要及时规范，主动报菜名；对食用方法独特的菜肴，应对客人做适当介绍或提示。要按照上菜次序，把握上菜节奏，循序渐进地从事菜点销售服务。分菜要注意菜肴的整体美和分散后的组合效果，始终注意保持厨房产品在宾客食用前的形态美观。对客人需要打包和外卖的食品，同样要注意尽可能保持其各方面质量的完好。

以上所述厨房产品质量阶段标准控制法的效果的实现要掌握以下三个要领：① 必须系

统、分阶段制定切实可行的原料、生产、销售规格标准；② 分别培训，使相关岗位人员知晓、确认规格标准；③ 按照原料、生产和销售的顺序，逐个岗位进行逆序检查，达标方可继续操作。

阶段标准控制法特别强调各岗位、环节的质量检查，因此，建立和执行系统的检查制度是厨房产品阶段控制的有效保证。厨房产品质量检查，重点是根据生产过程，抓好原料领用检查、生产制作检查和成菜服务销售检查三个方面。原料领用检查是把好菜点质量关的第一步，是对质量底线的控制。生产制作检查，指菜肴加工生产过程中下一道工序的员工必须对上一道工序的菜品制作质量进行检查，如发现不合标准，应予返工，以免影响出品质量。成菜服务销售检查是指服务员参与菜点质量检查，对质量问题及时反馈，以便厨房加工人员改进工作，改进出品质量。

二、岗位职责控制法

厨房生产是一个有机的系统工程，需要各岗位、各工种密切配合、协调工作，明确自己的职责范围，认真对待每一项工作，主动接受厨房管理人员和主要岗位厨师的督导，共同完成厨房生产的各项任务，为确保出品质量和工作有条不紊需采取岗位职责控制法。岗位职责控制法就是利用厨房岗位分工，强化岗位职能，并施以检查督促，对厨房产品的质量有着较好的控制效果。岗位职责控制法的实施要领有两方面。

1. 厨房应分工明确，各负其责相互配合

厨房生产要达到一定的标准要求。首先，各项工作必须全面分工落实并责任到人，工作明确划分、合理安排。每个岗位都要担任着一个方面的工作。岗位责任制要体现生产责任。人人知道该做什么，做到什么，并对自己的生产质量负责。生产的各个环节都有专人负责，各司其职，各尽其能，在各自的岗位上保质保量地完成各项任务。其次，厨房质量控制就是对原材料和成品质量进行控制，防止生产不合格产品的过程。各岗位还应协作配合，不能单打独斗，使工作出现衔接性差错而满盘皆输。

2. 厨房岗位职责应主次分明

厨房所有工作不仅要有相应的岗位分担，而且厨房各岗位所承担的工作责任不应均衡一致，而应有所偏重，这样可有效地减少和防止质量问题的产生。各部门负责人必须对本部门的生产质量实行检查制度，并对本部门的生产问题承担责任，把好出品质量关。高档菜肴、名贵原料的加工及技术难度大的工作由头炉、主案完成；对菜肴口味质地起决定作用的环节也应规定给由工种主要岗位完成。

三、重点控制法

对那些经常和容易出现生产问题的环节或部门可以采取重点控制法。重点控制法就是针对厨房生产与出品的某个时期、某个阶段或环节的质量或秩序，或对重点客情、重要任务以及重大餐饮活动而进行的更加详细、全面、专注的督导管理，以及时保证和提高菜肴的生产和出品质量的一种方法。厨房产品质量重点控制的要领有三个方面。

（1）重点岗位、环节控制　这种控制法的关键是寻找和确定厨房控制的重点，对厨房运转进行全面细致的检查和考核是前提。厨房产品质量的检查可采取管理者自查的方式，也可以凭借宾客意见征求表向就餐客人征询意见以获取信息。另外，还可聘请质量检查员以及有关行家、专家进行明察暗访，进而通过分析，找出影响质量问题的症结所在，加以重点控制，以改进工作，提高出品质量。

（2）重点客情、重要任务控制　根据厨房业务活动的性质，区别对待一般正常生产任务和重点客情、重要生产任务，加强对后者的控制。

（3）重大活动控制　餐饮重大活动不仅影响范围广，而且为餐饮企业创造的收入也多，同样，消耗的食品原料成本也高。加强对重大活动菜点生产制作的组织和控制，不仅可以有效地节约成本开支，为企业创造应有的经济效益，而且通过成功地举办大规模的餐饮活动，向社会宣传企业实力，进而通过就餐客人的口口相传，扩大餐饮企业影响。

■ 思考题

1. 厨房产品如何进行感官鉴定？
2. 影响产品质量的因素有哪些？
3. 厨房产品质量控制的基本方法有哪些？
4. 重点控制法的要领有哪些？

项目 **7**

厨房成本控制管理

◎ **学习目标**

1. 了解厨房成本控制的重要性。

2. 熟悉厨房成本的构成与分类。

3. 掌握厨房成本控制的方法及成本核算。

◎ **学习重点**

1. 厨房成本控制的方法及成本核算。

2. 厨房成本的构成与分类。

任务 1 厨房生产成本概述

◎ **任务驱动**

1. 厨房成本由哪些元素构成？
2. 厨房成本的控制有哪些方法？

◎ **知识链接**

一、厨房产品成本构成

餐饮业的成本结构，可分为直接成本和间接成本两大类。直接成本，是指餐饮产品中具体的材料费，包括食物成本和饮料成本，也是餐饮业务中最主要的支出。间接成本，是指操作过程中所引发的其他费用，如人事费用和一些固定的开销（又称为经常费）。人事费用包括员工的薪资、奖金、食宿、培训和福利等；经常费则是所谓的租金、水电费、设备装潢的折旧、利息、税金、保险和其他杂费。

由此可知，餐饮成本控制的范围，也包括了直接成本与间接成本的控制；凡是菜单的设计、原料的采购、制作的过程和服务的方法，每一阶段都与直接成本息息相关，自然应严加督导。而人事的管理与其他物品的使用与维护，应全面纳入控制系统，以期达到预定的控制目标。

二、厨房成本类型

1. 直接成本的控制

有效的餐饮成本控制，并非一味地缩减开支或采购低成本的原料以节省支出费用，而是指以科学的方法来分析支出费用的合理性，在所有动作展开之前，规划以年或月为单位的开销预算，然后监督整个过程的花费是否合乎既定的预算，最后以评估和检讨的方式来修正预算，改善控制系统。

（1）直接成本控制的步骤。

① 成本标准的建立：所谓成本标准的建立，就是决定各项支出的比例。若以食物成本为例，食物成本也指食物的原料或半成品购入时的价格，但不包括处理时的人工和其他费用。食物成本比例取决于三个因素：采购时的价格；每一道菜的分量；菜单售价。

② 记录实际操作成本：餐饮业在操作上常会碰到一些意料之外的障碍，有时是人为导致浪费，有时是天灾影响原料成本，这些因素都会直接反映到操作成本上。因此，真实地记

录操作过程的花费，并对照预估的支出标准，可以立即发现管理的缺失，及时改善控制系统。影响操作成本的十大因素可归纳为：运送错误；储藏不当；制作消耗；烹调缩水；食物分量控制不均；服务不当；有意或无心的现金短收；未能充分利用剩余食物；员工偷窃；供应员工餐饮之用。

③ 对照与评估：一般而言，实际成本经常会高于或低于标准成本，但是管理阶层该于何时采取行动来调查或修正营运状况，则视两者差距的大小。当管理者在设定差距的标准时，应先评估时间的多少与先后顺序，以免本末倒置而达不到控制的真正目的。

（2）直接成本控制的方法　餐饮产品从采购原料至销售，每一过程都与成本有关系，其细节如下。

① 菜单的设计：每道菜制作所需的人力、时间、原料、数量及其供应情形，会反映在标准单价上，所以设计菜单时要注意上述因素，慎选菜式的种类和数量。

标准单价是指按照食谱中制作一道一人份的菜所需要的食物成本。计算方法是将食谱中所有成分的价格总和除以全部的分量。

② 原料的采购：采购过量，可能会造成储存的困难，使食物耗损的机会增加（尤其是生鲜产品），但采购数量太少，又可能造成供不应求、缺货，而且单价也随之提高。因此，准确地预测销售、定时盘点，机动地改变部分菜单以保存使用的安全量，都是采购与库存管理人员需注意的要点。

③ 餐饮的制作：制作人员一时疏忽，温度、时间控制不当，分量计算错误，或处理方式失当，往往会造成食物的浪费，而增加成本。因此，除了鼓励使用标准食谱和标准分量外，也可以用切割试验来严密地控制食物的充分利用。

④ 服务的方法：没有标准器具可供使用，剩余食物没有加以适当处理，食物卖出量与厨房出货量没有详细记录，延迟送食物给客人，都会造成食物的浪费和损害，影响成本，所以预先规划妥善的服务流程将有助于控制成本。

2. 间接成本的控制

（1）人事费用的控制　训练不足的员工，工作效率自然不高，生产效率也难以提高；疲惫不堪的员工，服务质量也会降低，而这些都会影响人事费用的支出。有效分配工作时间与工作量，并施以适当、适时的培训，是控制人事成本的最佳法宝。

人事费用包括薪资、加班费、员工食宿费、保险金及其他福利，其中薪资成本的开销最大，约占营业总收入的两成至三成，主要依其经营风格的差异及服务品质的高低会略有浮动。

① 控制人事费用的方法：一般而言，管理者会先设定服务质量标准，仔细考量员工的能力、态度及专业知识，然后制定出期望的生产率。如果实际生产率无法达到预估的水准，那就是管理者要彻底分析并采取行动的时候了。

- 决定标准生产率：标准生产率可由两种方法来制定，一是依据每小时服务客人的数量；二是依据每小时提供的食物份数（此适用于套餐服务方式）。这两种方法都可以清楚地算出服务人员的平均生产率，可作为排班的根据。
- 人员分配：根据标准生产率，配合来客数量的不同分配。分配时需注意每位员工的工作量及小时数是否合适，以免影响工作质量。
- 由标准工时计算出标准工资：大概预估出标准人事费用，然后与实际状况比较、分析，作为管理者监控整个作业及控制成本的参考。

② 降低人事费用的方法：餐饮业种类的不同，对员工水准的需求也不同，人事费用的结构自然也不相同。如果管理者评估发现人事费用过高，不符合营运效益时，除了要重新探讨服务标准的定位外，也可采取下列措施。

- 用机器代替人力。例如以自动洗碗机代替人工洗碗。
- 重新安排餐厅内外场的设施和动线流程，以减少时间浪费。
- 工作简单化。
- 改进分配结构，使其更符合实际需要。
- 加强团队合作精神的培养，以提高工作效率。

（2）经常费的控制　员工若没有节约的习惯，则会造成许多物品与能源的浪费，如水、电、纸巾、事务用品等。不熟悉机器设备的使用方式，则会增加维修的次数，增加公司的负担。养成员工良好的工作习惯，切实执行各部门物品的控制及严格的仓储管理，便能减少经常费。

三、厨房成本控制特点

烹饪原料的标准化在各个厨房的管理中一直都是一个很棘手的问题，厨房要如何实现标准化管理呢？

标准化保证了菜品从原料到出品的每个环节中的人为（技术水平）误差造成的质量偏差。最大限度地保证了菜品在口味上的一致性。

厨房因其生产制作的手工性和技术性、用料的模糊性以及生产过程短、产品规格各异、生产批量小、原料随行就市价格波动大等特点，使得成本控制更加复杂和困难。如果厨政管理不力，会使成本不断增长。

（1）厨艺不精，成本增大　厨房生产是通过厨师的手工操作完成的。厨房产品的质量和成本与厨师的烹饪技艺水平有着密切的关系。厨艺精湛，因材施艺，便可充分节约原材料，保证菜点质量；相反，厨艺不精，经验不足，不能合理充分利用原料，就会造成原料浪费，使菜点成本增大。

在整个厨房生产过程中，因厨艺不精而造成成本增大的因素主要有以下几个方面。

①初加工阶段会造成原料的净料出料率低，或出料质量达不到菜肴制作的要求。例如，冬笋的初加工，因厨师不熟悉冬笋的结构和加工要求，造成净冬笋出料率低；鸡鸭的初加工，因厨师不熟悉菜肴制作要求，对鸡鸭的开膛处理不正确，造成原材料浪费。

②切割加工阶段会因原料分档成形不合规格造成浪费。例如，对半扇猪进行分档处理，厨师没有一定的技艺和对猪体结构的认识，就不能够正确地、有区别地按其组织部位分档，取出适合不同烹调要求的原料；厨师如没有良好的刀工技术水平，也不能够使原料达到相应的成形规格，适应烹调的需要，造成浪费；如果再加上工作经验不足，不能够计划用料，量材使用，不能够做到大材大用、小材小用、落刀成材、综合利用、物尽其用，其浪费就会更大。

③配份过程的控制是原材料成本控制的核心。在配份过程中出现重复、错配、超标准等情况，会增加原材料使用，造成成本增长。例如，厨师将辣子鸡丁配成宫保鸡丁，这样顾客不仅不会付钱，而且造成了浪费，这些差错都会使厨房产品的成本增长。另外，如进餐者是厨师的熟人、朋友或领导，还会出现超标准配的情况（超数量、变品种等都称为超标准），对这些情况，厨政管理者要引起高度重视。

④烹调过程决定菜品的最终品质。如果因厨师技艺不精，造成顾客退菜，势必会影响到产品的成本。另外，对调味品使用不当，随意丢弃调料，也会使厨房产品成本增加。

（2）设备不良，成本增大　精良的工具设备既能从整体上提高厨房工作效率，又能保证产品的加工、贮藏质量，使原材料耗用降到一个较低的水平。

如果设备不精良，随时处于维修状态，就可能因设备自身的原因造成生产成本的额外增大。例如，切片机不灵会使切出的肉片不能达到标准规格，无法使用；烤箱温度调节不灵，致使烤制品成色、质地不一致，达不到应有的标准，无法全部使用；冷藏柜、冷冻柜温度忽高忽低，会造成原料变质等，这些问题都会使原材料成本增大。

（3）人为浪费，成本加大　厨房员工的工作积极性不总是天天积极向上的，也有发牢骚、情绪不高的时候。工作人员会在工作、生活中遇到奖金分配不合理、排班不合理、长时间加班未得到休息、家庭生活不协调等问题。他们有可能将这些问题带进厨房工作中，拿厨房原料出气，借生产之机发泄不满情绪。他们可能会借口原料不合格，或借口产品规格要求高，轻则用一半扔一半；重则随意吃拿、丢弃，由此而产生的成本浪费数目不小，且难以防范。

同样，由于厨房生产人员责任心不强，造成原料的人为损失也是严重的。如员工操作漫不经心、拖三拉四。如汤锅里水烧干了、菜肴炖枯了，却视而不见；蒸笼内食品蒸过了，菜点蒸烂了，闻而不问；只能冷藏的食品原料，偏偏放入冷冻室等，诸如此类，这些都会增大厨房产品成本。

（4）食品、原料流失，有成本无收入　管理无非就是对人、财、物的管理。对人的管理不能仅仅依靠制度去强制和约束他们，还得加强对人的职业道德素质培养。如果员工的职业道德素质不高，管理就会始终处于一个较低的水平上，厨房内的食品、原材料就可能流失，致使生产成本增加。

造成食品、原料流失的因素主要表现如下：

① 借品尝之机，随意吃的现象屡有发生。厨房人员没有树立职业道德思想，没用职业道德规范来严格要求自己，任意处置食品。

② 借工作之便，私藏食品、原材料，一有机会就擅自带走，损公肥私。

③ 出菜制度不严，手续不全，对出品计数、控制不力。如服务员与厨师合谋，免费送菜点给亲朋好友享用等。

另外，厨房产品的产量、原材料市场价格、劳动生产率、财经政策和制度等，都会对成本带来影响。

任务 2 厨房成本控制的重要性

◎ 任务驱动

提高餐饮竞争能力有哪些手段？

◎ 知识链接

厨房生产成本管理，是厨政管理的核心内容之一。由于厨房生产的特殊性，使得厨房生产成本管理工作的要求高、难度大。因此，要真正发挥成本控制的作用，厨政管理者必须具备食品原料、烹饪工艺及销售、核算与综合分析等多项知识技能，并结合本企业的硬件条件、员工能力的素质状况，综合运用管理方法与技巧。只有这样，厨政管理才能收到应有的效果。这既是对厨政管理者提出的全面、复杂的要求，也是其管理技巧和水平的综合体现。如何在有限的客源和有限的收入基础上获得最大的收益，是每一位餐饮从业者的最大难题。餐饮行业具有极强的特殊的独立操作特征，与其他行业诸如超市管理、企事业单位的旁支管理以及交通管理都有所区别，餐饮行业有其独到之处。尽管各行各业在本质上都可以发掘其共同点，但在每个行业中一定有其特别之处，餐饮业的特别之处就在于饭（酒）店成本控制。

厨房是餐饮业核心，是生产的重地，它直接决定酒店的兴衰，生死存亡，树立企业形象，创造名牌企业，需要长年的积淀和巨大的投入，必须有细致的管理章程，过硬的管理队伍，管理实现统一标准、规格、程序，提高工作效率，降低成本，确保菜肴标准、质量，提高服务速度。就厨房原材料加工，生产成菜肴成品，总结以下生产线流程管理控制标准。

一、提高餐饮竞争能力的主要手段

餐饮竞争不断加剧，餐饮业要生存和发展，就必须不断提高自身素质，挖掘内部潜力，真正让利于消费者，在同行业竞争中吸引更多宾客。在同一地区、同一类型，类似规模、档次的饭店，若能通过严密的管理系统，切实降低厨房成本，在产品销售价格上低于竞争对手，企业在获取更大利润的同时，宾客得到更多实惠，饭店餐饮的市场占有率便会不断上升。

二、保护消费者利益的直接体现

饭店餐饮必须对消费者负责。厨房成本控制准确，成本率符合国家规定的标准，与饭店星级、规格及档次相适应，宾客便可购买到物有所值的产品，享受到应有的服务。相反，厨房成本控制不力，漏洞、流失导致成本费用增大，这些都不可避免要转嫁到产品的售价上，结果便是对消费者利益的侵害。

三、影响厨房成本高低的因素

（1）原料进价变化过快　原材料进价没有稳定的供应商或是货品来源，造成货品时好时坏或是价格波动幅度太高，让菜品的出品和菜单无所适从，直接影响销售。

（2）原料储存不善　四害、潮湿、霉变、过期等，以及领的货品在使用现场中无人监管、不先进先出、没统一收捡、凝块、混乱、打翻等。

（3）积压过期　缺乏对原材料从下单、审单、采购、验收、领用、非正常积压、责任追究等一系列操作流程等。

（4）配份失误　员工工作过程中，没有利用好配置的工具，造成浪费。

（5）标准化生产不落实　同样的菜品和菜单，但配菜的主辅料分量不一，炒菜口味凭厨师的心情好坏，配菜的分量没有规定的标准和流程，好与不好由厨师长决定。

（6）生产损耗　菜品的出成率本来可以达到八成的但因为人的原因只达到六成或更低，厨房的设备设施用后该关的不关，冰箱可以整理后只使用一台的结果全都用上了但使用价值不高。

（7）菜单定价不准　如果市场上的菜品都已飞速上涨，但菜单的定价调整却没有做适时适当的上调；或是市场上菜品本来很平，但菜单价却定得很高。

（8）销售与生产脱节　厨房部新推了好多个新菜，缺乏与前厅的充分沟通和培训，前厅不知菜品的制作和特色，无法进行推销，点击率低，最终导致新菜不新，特色不特色，且积压过多研发新菜的材料也浪费研发成本。

（9）人力浪费和其他消耗增大　专人专岗的要求过于呆板和教条，没能充分利用人力资源，将最繁忙的时段和比较清闲的时段进行调整，造成人员繁忙过后，站着的站着，闲聊的闲聊，既浪费人力又影响员工士气和团结协作精神。

任务 3　厨房产品的成本核算

◎ 任务驱动

1. 成本核算的概念是什么？
2. 厨房成本控制的方法有哪些？

◎ 知识链接

一、菜品原材料的成本控制与计算方法

现代餐饮、酒店都在谈论成本控制问题，但在实际运作中，很多餐饮企业只是进行了部分的成本核算，有的企业财务还不清楚到底哪些属于厨房成本部分，下面就将厨房正确的成本控制进行讲述。

1. 成本的概念

成本是一个价值范畴，是用价值表现生产中的耗费。广义的成本是指企业为生产各种产品而支出的各项耗费之和，它包括企业在生产过程中的原材料、燃料、动力的消耗，劳动报酬的支出，固定资产的折旧，设备用具的损耗等。

由于各个行业的生产特点不同，成本在实际内容方面存在着很大差异，如点心行业的成本指的就是生产产品的原材料耗费之和，它包括食品原料的主料、配料和调料。而生产产品过程中的其他耗费，如水、电、燃料的消耗，劳动报酬、固定资产折旧等都作为"费用"处理，它们由会计方面另设科目分别核算，在厨房范围内一般不进行具体的计算。

成本可以综合反映企业的管理质量。如企业劳动生产率的高低，原材料的使用是否合理，产品质量的好坏，企业生产经营管理水平等，很多因素都能通过成本直接或间接地反映出来。成本是制定菜点价格的重要依据，价格是价值的货币表现。产品价格的确定应以价值作为基础，而成本则是用价值表现的生产耗费，因此，菜点中原材料耗费是确定产品价值的基础，是制定菜点价格的重要依据。

成本是企业竞争的主要手段，在市场经济条件下，企业的竞争主要是价格与质量的竞争，而价格的竞争归根到底是成本的竞争，在毛利率稳定的条件下，低成本才能创造更多的利润。成本可以为企业经营决策提供重要数据。在现代企业中，成本越来越成为企业管理者投资决策、经营决策的重要依据。

2. 成本核算的概念

对产品生产中各项生产费用的支出和产品成本的形成进行核算，就是产品的成本核算。在厨房范围内主要是对耗用原材料成本的核算，它包括记账、算账、分析、比较的核算过程，以计算各类产品的总成本和单位成本。总成本是指某种、某类、某批或全部菜点成品在某核算期间的成本之和。单位成本是指每个菜点单位所具有的成本，如元/份、元/kg、元/盘等。

成本核算的过程既是对产品实际生产耗费的反映，也是对主要费用实际支出的控制过程，它是整个成本管理工作的重要环节。

（1）成本核算的任务。

① 精确地计算各个单位产品的成本，为合理确定产品的销售价格打下基础。

② 促使各生产、经营部门不断提高操作技术和经营服务水平，加强生产管理，严格按照所核实的成本耗用原料，保证产品质量。

③ 揭示单位成本提高或降低的原因，指出降低成本的途径，改善经营管理，提高企业经济效益。

（2）成本核算的意义。

正确执行物价政策，维护消费者的利益，为国家提供积累，促进企业改善经营管理。

（3）保证成本核算工作顺利进行的基本条件。

建立和健全菜点的用料定额标准，保证加工制作的基本尺度；建立和健全菜点生产的原始记录，保证全面反映生产状态；建立和健全计量体系，保证实测值的准确。

3. 成本核算的方法

餐饮成本核算的方法，一般是按厨房实际领用的原材料计算已售出产品耗用的原材料成本。

核算期一般每月计算一次，具体计算方法为：如果厨房领用的原材料当月用完而无剩余，领用的原材料金额就是当月产品的成本。如果有余料，在计算成本时应进行盘点并从领用的原材料中减去，求出当月实际耗用原材料的成本，即采用"以存计耗"倒求成本的方法。其计算公式是：

$$本月耗用原材料成本＝厨房原料月初结存额+本月领用额－月末盘存额$$

食品原料的成本核算是进行菜点定价的基础，是决定菜肴价格的依据，因为菜点等食品的定价是以食品成本为前提的，只有在计算出食品原料成本的情况下，菜点的定价才会变得有益而有利。因此，食品原料成本核算的准确与否直接影响饭店的经济效益。

（1）净料率的概念　净料率是指食品原料在初步加工后的可用部分的重量占加工前原料总重量的比率，它是表明食品原料利用程度的指标，其计算公式为：

$$净料率＝\frac{加工后可用食品原料重量}{加工前食品原料总重量}×100\%$$

实际上，在食品原料品质、加工方法和技术水平一定的条件下，食品原料在加工前后的重量变化，是有一定的规律可循的。因此，净料率计算对成本核算、食品原料利用状况分析及其采购、库存数量等方面，都有着很重要的实际作用。

例7-1　某厨房购入带骨羊肉48kg，经初步加工处理后剔出骨头12kg，计算羊肉的净料率。

解：根据公式：

$$羊肉的净料率 = \frac{加工后可用原料重量}{加工前原料总重量} \times 100\%$$

$$= \frac{(48-12)}{48} \times 100\% = 75\%$$

食品原料的净料率，在食品中习惯上也称为食品原料的出成率、出净率、净货率等。虽然各种原料由于产地、品种的不同，同一种食品原料的净料率有所差异，但总体而言变化不太明显。因此，根据经验可以对厨房常用食品原料的净料率进行规范化的规定，科学地确定每种食品原料的净料率。

（2）净料成本的核算　净料成本的核算根据原料的具体情况有一料一档及一料多档之分。

① 一料一档的净料成本核算。一料一档是指毛料经初步加工处理后，只得到一种净料，没有可供作价利用的下脚料。一料一档的净料成本核算公式为：

$$净料成本 = \frac{毛料进价总值}{净料总重量}$$

如果毛料经初步加工处理后，除得到净料外，尚有可以利用的下脚料，则在计算净料成本时，应先在毛料总值中减去下脚料的价值，其计算公式为：

$$净料成本 = \frac{毛料进价总值 - 下脚料价值}{净料总重量}$$

例7-2　某厨房购入带骨猪肉45kg，进价5.7元/kg，经初步加工处理后得净猪肉33.75kg，下脚料没有任何利用价值，计算猪肉成本。

解：根据净料成本的计算公式，猪肉的成本为：

$$猪肉的成本 = \frac{毛料进价总值}{净料总重量} = \frac{45 \times 5.7}{33.75} = 7.6（元/kg）$$

例7-3　某酒店厨房购入带骨羊肉100kg，进价6.8元/kg。经初步加工处理后得净羊肉75kg，下脚料10kg，单价为2元/kg，废料15kg，没有任何利用价值。求羊肉的成本。

解：根据净料成本的计算公式，羊肉的成本为：

$$羊肉的成本 = \frac{毛料进价总值 - 下脚料价值}{净料总重量}$$

$$= \frac{(100 \times 6.8) - (10 \times 2)}{75} = 8.8（元/kg）$$

② 一料多档的净料成本核算。一料多档是指毛料经初步加工处理后得到一种以上的净料。为了正确计算各档净料的成本，应分别计算各档净料的单位价格。各档净料的单价可根据各自的质量以及使用该净料的菜肴的规格，首先决定其净料总值应占毛料总值的比例，然后进行计算。其计算公式为：

$$该档净料成本 = \frac{毛料进价总值 - 其他各档净料占毛料总值之和}{该档净料总重量}$$

例7–4　某厨房购入鲜草鱼60kg，进价为9.6元/kg，根据菜肴烹制需要进行宰杀、剖洗分档后，得净鱼52.5kg，其中鱼头17.5kg，鱼中段22.5kg，鱼尾12.5kg，鱼鳞、内脏等废料7.5kg，没有利用价值。根据各档净料的质量及烹调用途，该厨房确定鱼头总值应占毛料总值的35%，鱼中段占45%，鱼尾占20%，分别计算鱼头、鱼中段、鱼尾的净料成本。

解：因为：

鲜草鱼进价总值=60×9.6=576（元）

所以，根据公式：

$$草鱼头的成本 = \frac{草鱼进价总值 - 鱼中段、鱼尾占毛料总值之和}{鱼头净料总重量}$$

$$= \frac{576 - (576×45\% + 576×20\%)}{17.5} = \frac{201.6}{17.5} = 11.52（元/kg）$$

$$草鱼中段的成本 = \frac{草鱼进价总值 - 鱼头、鱼尾占毛料总值之和}{鱼中段净料总重量}$$

$$= \frac{576 - (576×35\% + 576×20\%)}{22.5} = \frac{259.2}{22.5} = 11.52（元/kg）$$

$$草鱼尾的净料成本 = \frac{草鱼进价总值 - 鱼头、鱼中段占毛料总值之和}{鱼尾净料总重量}$$

$$= \frac{576 - (576×35\% + 576×45\%)}{12.5} = \frac{115.2}{12.5} = 9.22（元/kg）$$

分档定价后，草鱼头的净料总值为201.6元（11.52元/kg×17.5kg），鱼中段的净料总值为259.2元（11.52元/kg×22.5kg），鱼尾的净料总值为115.2元（9.22元/kg×12.5kg），平均的净料成本为10.97元/kg。

③ 成本系数。由于食品原料中大部分是农副产品，其地区性、季节性、时间性很强，因此，食品原料的价格变化很大。每次进货的原料价格不同，其净料成本也会发生变化。为避免进货价格的不同而需要逐项计算净料成本，厨房可利用"成本系数"进行净料成本的调整。成本系数是指某种食品原料经初步加工或切割实验后所得净料的单位成本与毛料单位成本之比，用公式表示为：

$$成本系数 = \frac{净料单位成本}{毛料单位成本}$$

成本系数的单位不是金额，而是一个计算系数，适用于某些食品原料的市场价格上涨或下跌时重新计算净料成本，以调整菜肴定价。计算方法为：

$$净料成本＝成本系数×原料的新进货价格$$

使用成本系数可缩短核算时间。

例7-5　某种原料的毛料进价为5.7元/kg，其净料成本为7.6元/kg，该原料成本系数即为：

$$7.6÷5.7＝1.33$$

如果该种食品原料毛料进价上涨至6元/kg，则计算该原料涨价后的净料成本时，只需以毛料新进价乘以成本系数，即得：

$$6×1.33＝7.98（元/kg）$$

如果该种食品原料的毛料进价下跌至5.4元/kg，则其净料成本为：

$$5.4×1.33＝7.18（元/kg）$$

采用成本系数来确定净料成本，最重要的是应取得准确的成本系数，由于进货渠道、原料质地、进货价格及加工技术水平的不同，每种食品原料的成本系数必须经过反复测试才能确定。对于已经测定的成本系数也应经常进行抽查复试。

（3）调味品成本的核算　中餐菜品向来以色、香、味、形闻名于世。其中的味除了来自主、配料本身之外，很大一部分来自各种调味品。调味品是菜肴、点心的构成要素之一，其成本是食品成本的重要组成部分。调味品成本的核算关系到整个成本核算的精确度。

厨房所使用的调味品种类繁多，且每份菜肴或点心的用量又很小，因此，调味品成本不可能像主、配料成本那样用数量来计算，而只能由烹制菜肴的厨师在很短的时间内随取随用。在实际工作中，菜肴或点心的调味品成本的核算只能是在对有代表性的产品进行试验和测算的基础上采用其平均值进行估算。

二、目标食品成本

1. 目标食品成本的概念

一般情况来说，只要在菜点的生产加工中准确无误地按照规定的投料标准严格执行，就可以把厨房的生产成本控制在一个合理的水平，使厨房的生产成本得到有效的控制。

毛利率仅仅是从个别菜品来控制食品原料的生产成本，而不能从宏观上有效地控制厨房的食品原料成本。对于厨房管理者而言，还应该从宏观的角度来全面控制厨房生产成本，首先要确定一个目标食品成本或目标食品成本率。

所谓目标食品成本率是厨房为获得预期的餐饮营业收入以支付生产成本，并获得一定盈利而必须达到的食品成本率。它作为控制厨房生产的一种标准，起着指导、控制的作用，目标食品成本率可以通过分析上期营业记录或通过对下期营业的预算得到。

2. 目标食品成本的制定程序

厨房可以根据菜点产品的生产特点和食品原料成本、生产费用等内容制定出某个生产阶段的目标成本，其基本程序可大致分为五个步骤。

（1）根据市场需求及厨房菜点的质量、餐厅座位数、餐厅上座率、餐桌翻台率、宾客人均消费水平等情况的历史资料，计算菜点产品中原料成本的数额。

（2）根据厨房生产部门的固定资产占用、人员配备等情况，计算厨房的固定目标成本。

（3）制定厨房生产过程中单位变动费用的消耗定额。

（4）分摊企业计划期内管理性成本的费用。

（5）汇总计算厨房生产的食品目标成本或目标成本率。

3. 目标食品成本的制定方法

目标食品成本的制定，必须采取科学的方法，这样才能使制定出来的目标食品成本有参考、对照价值，以便以此为依据，调整、控制实际的厨房生产成本，完成成本控制的最终目标。

约束性固定费用，如建筑物、厨房设备折旧、各项摊销费等，其制定方法主要取决于餐饮企业的财务决策和厨房实际占用的情况，可采用全店折旧额和部门分摊比例的方法。

厨房人工成本可根据厨房的员工人数和人均工资额来确定。

厨房用具、设备折旧等数额可根据折旧总额之和计算百分比确定。

其他变动费用的制定，主要包括水费、电费、煤气、燃料等，这部分费用一般是根据销售量的变化而变化的。目标变动成本可以在制定变动费用率的基础上采用弹性预算的方法来制定，在实际情况与静态预算产生差异时，采用弹性法可以比较充分地考虑市场环境和业务量变化可能引起的费用水平的变化。

管理性费用一般是按一定的分摊比例计算。

将上述各项成本和费用汇总，加上税金和预期的利润，即可以确定厨房生产的目标食品成本。

三、生产前的成本控制

厨房是餐饮业核心，是生产重地，它直接决定酒店的兴衰及生死存亡。树立企业形象，创造名牌企业，需要长年的积淀和巨大的投入，必须有细致的管理章程，过硬的管理队伍，管理实现统一标准、规格、程序，提高工作效率，降低成本，确保菜肴标准和质量，提高服务速度。就厨房原材料加工及生产成菜肴成品，总结以下生产线流程管理控制标准：建立标准就是对生产质量、产品成本、制作规格进行数量化，并用于检查指导生产的全过程，及时消除一切生产性误差，确保食品质量的优质形象，使之督导有标准的检查依据，达到控制管理的效能。

（一）采购控制

采购环节历来是酒店的"重灾区"，也是成本控制的关键，所以必须有一个部门来制约、监督，才能彻底解决这一问题。

1. 采购控制要求

① 物品的质量保证，杜绝以次充好。

② 保证货源价位合理。

③ 采购数量要符合厨房部进货计划和储存条件。

④ 验货要开验收单，并在进货票据上签字交采购部。

2. 原料采购环节对比标准

① 原料：同样的物品比价位，同样的价位比质量。

② 价格：把近一周和近期在市场询问的价格记录下来，和供货商的报价单对比。

（二）验货控制

① 按产品的规格要求验货。

② 按产品质量要求逐一审验。

③ 物品的实际重量与申购单是否相同。

④ 核实原料的价位与原定的价格是否一致。

除此之外，验收人员还要做到：开验货收据，并在供货票据上签字，然后将申购单据与验收单据交给采购部。

（三）领料控制

对于领料的控制，必须填写领料单，一式三联，一联留存；一联交财务；一联交库管，还必须有部门主管签字、总厨审核，特别是数量的控制。

控制好发料，严守"四不领"制度：

① 没开领料单的不给领。

② 工具类在使用范围内的不领（如手铲要用半年，锅刷要用1个月，炒锅要用3个月等，每次领物品要有账目）。

③ 替代他人，自己又不用的不领。

④ 本档口根本不需要的不给领（如做羊肉档口要领粤式调味品）。

（四）备料控制

开餐前的备料控制，又分切配控制及荷台调味品控制。砧板组的原料及半成品的保鲜是有期限的，青蔬类的不得超过2天，肉制品及水产品等不超过1周。如果超过食品的保鲜期，烹制后的菜品就无法保证质量。

为方便管理，将各种原料分层管理，并根据原料属性分装于不同的层断内，每层标有原料类别，原料分类表张贴在冰鲜柜的门上，这样对保鲜的物品一目了然，对分类存放后哪一种原料备了多少份，库存几份，待加工的是哪几种，做到心中有数。

对调味品的控制重点是对调味品的添加、小料加工和菜品装饰的控制。一般将调味品进行分类组合，在调料容器内以"警示线"为标准，少加、分多次。

在收档时，由专人负责收各种酱料冷藏，以防变质。为装饰美化菜肴，用的法香、兰花、红绿车厘子、玫瑰花也要进行节约控制。按标准配置的食品雕刻，要进行收藏保管以便于回收再用。

（五）初加工——原料净料率控制

厨房生产加工的第一道工序是食品原料的初加工，而食品原料的出成率，即净料率的高低直接影响食品原料的成本，所以提高食品原料初加工的出成率，就是提高初加工的净料率，降低损耗。

提高食品原料初加工的出成率，主要应该抓好科学组织加工、合理操作和加工方法，使其物尽其用，把食品原料的损耗降到最低。

（六）细加工——原料出成率控制

① 经过细加工的食品原料，刀工处理后可形成块、片、丝、条、丁、粒、末等不同的规格和形状。下刀时要心中有数，用料要合理，力争物尽所用，避免刀工处理后出现过多的边角余料，降低原料档次，影响原料的使用价值。

② 控制出成率，掌握净料成本。食品原料在细加工过程中出现折损和降档次用料，为此，要在保证加工质量的前提下争取提高净料量，控制出成率，对刀工处理后的各种原料，应该根据原料的档次和出成率，准确计算其净料成本，以便为配菜核定每份菜品成本提供基本的数据。

四、生产过程中的成本控制

1. 配份——菜品用量控制

配份是为使菜肴具有一定质量、形状和营养成分而进行的各种原料搭配的过程，是细加工后的一道工序，是烹调前生料的配合过程。

一般可分为两类：热菜的配份，配份后的生料经过烹制工艺便能成为可供食用的菜肴。冷菜的配份，配份后的冷菜即可直接上桌供客人食用。

配份是厨房生产菜肴的主要工序，影响着菜肴的内在质量、感官质量、份额量和成本，必须加强对配份的控制，主要应抓好以下几个方面的工作。

（1）强化标准化控制　厨房一般采用经验式配菜方法，配份厨师靠手上的功夫对各种原料进行手工抓配，要求"一抓准"，其实很难做到，难免出现误差，具有很大的随意性，难以保证菜肴质量与数量的一致性和稳定性，难以准确控制菜肴原料的成本。

如果配份厨师的工作责任心不够，就会造成菜肴配份和原料成本管理失控，严重影响菜品的质量与原料成本的控制。作为一个配份厨师，除了要有良好的工作责任心与敬业精神外，还必须掌握一定的菜肴配份知识与技术。

① 掌握各种原料的性质、市场供应、价格变化和原料供应情况。

② 掌握菜肴名称和主料、配料的数量及净料成本，能熟练运用餐饮成本核算的知识，编制标准菜谱和食品原料成本卡。

③ 熟悉各种刀工技法和菜肴烹调工艺及其特点，使配出的菜肴既符合烹调的要求，又合乎标准食品成本的规定。

④ 熟悉菜肴色、香、味、形、质和营养成分的配比。

⑤ 具有很强的菜品出新能力，能结合企业和厨房的生产需要不断推出菜肴的新品种。

厨房生产实行配份的标准化控制，就是厨房根据菜单通过制定标准菜谱和在生产活动中实施以标准菜谱为内容的有组织的活动。标准菜谱的制定应根据各餐饮企业和厨房生产的具体情况进行编制，制定过程中应充分考虑配份影响烹调操作、菜肴质量和原料成本等方面，是实践经验的综合成果。标准菜谱作为厨房生产活动的技术依据和准则，配菜工作必须认真贯彻执行，为菜肴烹制、菜肴质量和原料成本控制创造有利条件和技术保证。

（2）加强操作过程监督　现代餐饮厨房生产在推行标准化管理的同时，必须建立一套与之相适应的、有效的监督制度与监督体系，使厨房员工在菜品的配份中能够按照规定的标准和规范的作业程序进行操作，最大限度地避免有标准不依、随意配菜现象的发生。

对于厨房生产来说，由于业务量大，而且又相对集中，配份厨师有时忙不过来，就会把配份程序简化，比如主料不过秤等，因此必须有监督体系。监督制度与监督体系的建立应根据具体情况确定，如建立不定点、不定时的立体式检查、抽查；可以在厨房安装电子监控系统，由专人负责对监视器的观察；也可以预先将各种主料称重包好，随取随用，用时只配辅料，这样可以缩短配菜时间。

2. 烹调（打荷）——佐助料、调料味的成本控制

进入菜肴的烹调阶段，生产成本的控制项目是佐助料、调味料成本的控制。随着调味料

生产水平的不断提高，高品质、多功能的调味料生产越来越多，其价格越来越高，有效地控制烹调过程中佐助料、调味料的成本，是厨房生产管理与成本控制的一个关键环节。

一般来说，调味料是用来确定和改善菜肴口味的，主要呈现咸、酸、甜、辣、鲜等味感效果，而佐助料在烹调中起着辅助性的作用，如上浆时用的淀粉、鸡蛋清，原料熟处理时用的油脂、汤汁等，它们的共同特点是在使用中难以准确定量，即使能够准确定量，在实际操作中也难以做到准确取量。

目前，在厨房生产管理中，对于佐助料、调味料成本控制的常见方法大致有以下几种。

（1）尽量做到量化或细化　对于佐助料、调味料成本控制的主要方法在于将烹调中使用的各种佐助料、调味料的使用量、添加量进行规格化及标准化，而有些不易量化的，可尽量使其细化。在实际操作中，佐助料、调味料的标准投放不仅有利于原料成本的控制，更有利于菜品质量的稳定，如果一份菜肴连最基本的咸度、甜度、酸度、辣度、色泽等指标都无法得到规范，客人就餐时一天一个样，也就没有质量标准可言，失去了可信度。因此，给所有的菜肴确定比较准确的佐助料、调味料使用标准是非常必要的。

（2）生产方式扩大化　有条件的厨房应该尽可能采用批量化生产的方法，因为这种方法有利于降低成本。各厨房可结合自身情况参考以下方法。

① 半成品批量加工：厨房可以将其所用主料或配料加工成半成品，如将常用的肉片加工后备用，将销量最大的菜肴主料进行初步熟处理等，实现调制批量调味品。厨房最常使用的调料有盐、糖、料酒、高汤等，厨房可在营业前将这些调味品按一定比例要求调制好，这样可以节约能源、人工等一系列成本。

② 事先加工批量菜肴：这些菜肴是指本店特色菜，几乎是每桌客人必点的食品。事先加工好的菜肴要热存或冷藏，热存温度在60~87℃，冷藏温度为4~7℃。

（3）有效控制能源成本　厨房常用的能源种类包括水、电、煤气、煤、汽油、天然气等。能源成本一般占餐饮营业额的6%~8%。由于多种能源的价格日趋上涨，是否重视能源控制，是决定厨房生产成本控制目标能否实现的关键环节之一。

厨房能源成本的控制主要取决于三个方面。

① 节能方法：尽量选用节能设备和成本低的能源种类。选购冰箱要考虑是否节能；用微波炉烹制含水量大的菜肴；使用煤浆代替煤炭，可节约煤的成本三分之一以上；厨房使用节能照明系统和感应照明设备，使照明做到人走灯灭；还可充分利用剩余热量，如烤箱的余温可用于保温食品等。

② 制度规范：对于已经在厨房中广泛推广使用的节能方法和节能措施，还应建立一定的管理制度，以促使广大厨师人员能够很好地执行。由于许多厨师身上都形成了一定的习惯性，需要必要的制度加以约束，并通过有效的监督检查体系来督促实施。

③ 落实责任：能源节约责任应落实到厨房员工每一个人的身上。可以责任到人，如区域照明的节能落实到区域负责人身上。或者将单位时间内厨房的能源成本核算确定后，作为

厨房的目标能源成本，然后将目标能源成本分解成具体指标，分配给各个分厨或生产班组，并与一定的奖罚制度挂钩：对于节约能源意识好，节约效果显著的给予适当的奖励；对于浪费能源或超过计划指标的，应查明责任人，采取有力的教育和处罚措施。

五、生产后的成本控制

厨房成本的餐前餐后控制包括确定目标食品成本和计算厨房标准成本。

1. 目标食品成本的概念

一般情况，只要在菜品的生产加工中能准确无误地按照规定的投料标准严格执行，就可以将厨房的生产成本控制在一个合理的水平，使厨房的生产成本控制得到有效地控制。毛利率仅仅是从个别菜品来控制食品原料的生产成本，而不能从宏观上有效地控制厨房的食品原料成本。对于厨房管理者而言，还应该从宏观的角度来全面控制厨房生产的成本，首先确定一个目标食品成本或目标食品成本率。

目标食品成本率是指厨房为获得预期的餐饮营业收入以支付生产成本，并获得一定盈利而必须达到的食品成本率，它作为控制厨房生产的一种标准，起着指导、控制的作用，目标食品成本率可以通过分析上期营业记录或通过对下期营业的预算得到。

2. 目标食品成本的制定程序

厨房可以根据菜点产品的生产特点和食品原料成本、生产费用等内容制定出某个生产阶段的目标成本，其基本程序可大致分为五个步骤。

① 先根据市场需求及厨房菜品的质量、餐厅座位数、餐厅上座率、餐桌翻台率、宾客人均消费水平等情况的历史资料，计算菜品产品中原料成本的数额。

② 根据厨房生产部门的固定资产占用、人员配备等情况，计算厨房的固定目标成本。

③ 制定厨房生产过程中单位变动费用的消耗定额。

④ 分摊企业计划期内管理性成本的费用。

⑤ 汇总计算厨房生产的食品目标成本或目标成本率。

3. 目标食品成本的制定方法

目标食品成本的制定，必须采取科学的方法，才能使制定出来的目标食品成本有参考、对照价值，以便以此为依据，调整、控制实际厨房的生产成本，完成成本控制的最终目标。其公式为：

食品原料目标成本额＝计划期内目标销售额×（1－毛利率）

■ **思考题**

1. 厨房成本控制有何重要意义？
2. 厨房成本由哪些构成？
3. 如何对厨房原材料进行成本控制？
4. 厨房成本控制的方法有哪些？

项目 **8**

厨房设备与器具管理

◎ **学习目标**

1. 了解厨房常见设备的选择要求。
2. 熟悉厨房常见设备的使用与保养方法。
3. 掌握厨房设备的管理要求。
4. 掌握厨房设备的管理原则。

◎ **学习重点**

1. 厨房设备的管理原则。
2. 厨房餐具的管理方法。

任务 1　厨房设备的选择

◎ **任务驱动**

厨房设备选择的原则有哪些?

◎ **知识链接**

一、厨房设备和器皿的分类

厨房设备和器具主要包括以下5大类:

（1）储藏用具　分为食品储藏和器物用品储藏两大部分。食品储藏又分为冷藏和非冷藏,冷藏是通过厨房内的冰箱、冷藏柜等实现的。器物用品储藏是为餐具、炊具、器皿等提供存储的空间。储藏用具是通过各种底柜、吊柜、角柜、多功能装饰柜等完成的。

（2）洗涤消毒用具　包括冷热水的供应系统、排水设备、洗物盆、洗物柜等,洗涤后在厨房操作中产生的垃圾,应设置垃圾箱或卫生桶等,现代厨房还应配备消毒柜、食品垃圾粉碎器等设备。

（3）调理用具　主要包括调理的台面,整理、切菜、配料、调制的工具和器皿。

（4）烹调用具　主要有炉具、灶具和烹调时的相关工具和器皿。

（5）进餐用具　主要包括餐厅中的家具、进餐时的用具和器皿等。

二、厨房设备管理要求

（1）符合消防卫生环境要求。

① 食物及用具制作,存放时应做到生熟分开,脏物与清洁物分开,冷热分开。

② 燃油、燃气调压、开关站与操作区分开,并配备相应的消防设施。

③ 高于300℃管道与易燃物相距要大于0.5m。

④ 未经净化处理的油烟排气口必须高于附近最高建筑物0.5m。

（2）应充分利用原有装置、设施、地形,使各分区拥有合理空间,视野开阔,走道畅通方便管理。

（3）应充分了解用户既定菜式,一切安排、布置均以此为本。

（4）用户既定菜式和最大进餐人数,据此可确定主要设备、数量、型号。

（5）用户可供应能源:如锅炉蒸汽,柴油,煤气种类,电源（220V/380V）。

（6）用户的基本要求:如管路走向、污水出口、风机走向等。

三、厨房设备选择的重要性

1. 选用厨房设备是策划设计的首要问题

在厨房策划设计时会出现以下情况：经营者不提出设备清单，只说明大致要求；所需要的设备不全，还需要配齐；所需要的设备摆不下，需要调整；所需要的设备与经营规模不相称，需要协商。如何选择配置厨房设备，就成为必须解决的第一个问题。

2. 厨房设备决定厨房设计方案

厨房设计方案要符合经营规划和工艺的要求，要与厨房布局及技术基础相适应。所有的技术要求都要通过厨房设备选配和布局设计来实现。厨房设计方案的优劣主要取决于厨房设备选配和布局设计，厨房设备选配错误就是不合格的方案。

3. 厨房设备决定厨房工艺功能

明确了实际餐品的工艺要求、产能需要、变通功能的要求，确定实际需要的厨房设备的种类、型号、数量，才能选择最合适的厨房设备。但是，根据实际需要和具体情况，还要考虑环境条件、经济实力、决策意愿是否允许的问题，这就需要设计人员与经营者协商。当需要与实际有矛盾时，只能变通设计。变通设计也需要符合选择原则，正确选配各种设备。

4. 厨房设备决定厨房工作效率

选用合适的厨房设备，厨师工作得心应手，才会提高工作效率。如果设备选用的种类、型号、功能不适应实际工作需要，则必然会影响工作效率。

5. 厨房设备决定厨房运营效益

厨房设备有许多技术指标，有能耗、可靠性、质量、维修等。

四、厨房设备选择的原则

厨房设备选择的原则要遵循卫生原则、防火原则、方便原则和美观原则。

1. 卫生原则

厨房用具要有抗御污染的能力，特别是要有防止蟑螂、老鼠、蚂蚁等污染食品的功能，才能保证整个厨房用具的内在质量。目前市场上有的橱柜已采取全部安装防蟑条密封，此项技术能有效防止食品受到污染。

2. 防火原则

厨房是现代家居中唯一使用明火的区域，材料防火阻燃能力的高低，决定着厨具乃至家庭的安全，特别是厨具表层的防火能力，更是选择厨具的重要标准。所以，正规厨具生产厂家生产的厨具面层材料全部使用不燃、阻燃的材料制成。

3. 方便原则

厨房内的操作要有一个合理的流程，因此，在厨具的设计上，能按正确的流程设计各部位的排列，对日后使用方便十分重要。再就是灶台的高度、吊柜的位置等，都直接影响使用的方便程度。因此，要选择符合人体工程原理和厨房操作程序的厨房用具。

4. 美观原则

厨具不仅要求造型、色彩赏心悦目，而且要有持久性，因此要求有防污染、好清洁的性能，这就要求表层材质有很好的抗油渍、抗油烟的能力，使厨具能较长时间地保持表面洁净如新。

任务 2　厨房设备的使用与保养

◎ 任务驱动

1. 厨房设备管理的意义是什么？
2. 厨房设备的使用与保养要注意什么？

◎ 知识链接

一、厨房设备管理的意义

做好厨房设备管理对一个企业来说，不仅是保证简单再生产必不可少的一个条件，而且对提高企业生产技术水平和产品质量、降低消耗、保护环境、保证安全生产、提高经济效益有着极为重要的意义。

1. 良好的设备

良好的设备是员工与企业安全生产的前提，厨房设备良好运行，员工按操作规程使用各类设备，操作方便、生产快捷，事故隐患几乎没有，员工的安全利益便有了保障。同样，良好的设备状况，也减少了企业因设备陈旧、损坏带来的生产事故和各类灾害。

2. 设备的正常运行

设备的正常运行是有序从事厨房生产的基础。厨房生产在餐饮企业是循环往复、周而复始的不间断过程，有计划的原料加工、适当备料、一定量成品制作，为餐饮企业顺利开餐、及时满足客人用餐需要提供了保证。而这些前提实现的条件，是建立在厨房良好的设备运行基础上的。因此，设备的正常运行，是厨房有计划安排生产，减少原料浪费、确保餐饮企业经营秩序的先决条件。

3. 加强设备管理

加强设备管理是节省企业维修费用的关键措施。厨房设备维修的频率、维修的程度是可以通过有效的厨房管理加以控制的。设备损坏、维修，不仅增加直接的维修及材料费用，同时组织、购买材料的各项相关费用也同样昂贵。因此，加强厨房设备管理，维持、提高设备完好率，对餐饮企业切实进行成本、费用控制是十分必要且相当有效的。

二、厨房设备管理的原则

1. 设备选购应坚持实用的原则

厨房中应根据不同的档次和经营的具体任务，适当配备各工种的不同设备，不要购置数量过多或档次过高较为昂贵的设备，以防加大资金投入和成本。选购厨房设备应视厨房规模、内部面积以及具体生产环境而定，应以厨师使用方便、利于检修为基本原则。选择厨房设备应选用无污染、不影响环境、无高位噪声的优质产品。同时还应注意设备要有较高安全系数，有各类防护措施，以防出现工伤。

2. 设备使用应坚持正确的原则

正确、合理使用厨房设备也是餐馆管理的重要内容之一。只有通过经营者制订有效的厨房设备管理办法并正确使用，才可减少合理的磨损、避免不合理的损伤。从而达到少出故障、正常运转。使用某种设备的厨师，必须掌握该设备的性能、工作原理和正确使用方法。应做到"四懂三会"："四懂"即懂设备的性能、懂设备的结构、懂设备的原理和懂设备的用途；"三会"为：会使用设备、会保养设备和会排除设备的故障。要做到"四懂三会"，企业对使用设备人员，必须加强学习和培训。工作中必须按操作规程办事，机械运转中要集中精神，在开动机器后不要离开工作地点，如听到异常声响要及时停机。

3. 设备保养应坚持定期的原则

厨房设备的合理使用和维修是非常必要的，但更重要的应是定期保养。制订正确的保养措施并加以实施，才能减少设备的不正常损坏，避免不必要的经济损失。使用设备的厨师应根据其设备的功能进行定期维护。比如，各类保存食品的冰箱，在正常运转情况下应3~7天进行一次人工除霜。如不及时除霜，可造成机器（电机）几乎不停机的状态，可随时出现故障。厨师在使用设备时，要经常与修理人员取得联系，反映设备的使用情况，如实提供设备有何具体问题，让维修人员协助抢修。厨房应指定专人负责设备使用、保养、定期检查，并与平日巡视设备运转相结合，做好记录，有问题及时上报及时修理。维护人员应建立厨房设备检修制度，并负责设备使用的监督管理，避免出现设备事故和损坏情况，保证设备完好程度。

任务 3　厨房餐具使用管理

◎ 任务驱动

厨房餐具管理的方法有哪些？

◎ 知识链接

一、餐具破损与丢失

1. 餐具破损的途径

（1）清洗时，由于员工着急下班，使餐具堆放过多，而操作时，不注意规范性，而造成损坏。

（2）清洗时的洗洁精也会造成餐具破损，用量太多洗得不干净，在擦拭餐具时，就会用力，而造成餐具破坏。

（3）端托时，如果数量过多，也会造成破坏。

（4）客人敬酒或较激动时，也会造成餐具破损。

（5）地面较滑，不慎跌倒而造成的餐具破损。

（6）新员工对操作规范还不太清楚，对餐具破损没有认识。

2. 餐具破损预防措施

（1）对于服务员的以上情况，管理人员看到后要及时帮助指导，把餐具重新归类，按要求放到盆中。一般情况下先洗玻璃器皿，再洗瓷器，玻璃器皿一盆中最多放三四个，瓷器放

8个左右是较安全的。

（2）清洗时，一般用两盆温水，夏天的水温在50℃，冬天可以高一点。其中放餐具洗时，洗洁精的用量一般是瓶盖的三四盖为宜，同时较容易擦洗干净。

（3）端托时，一般情况下，一托盘放8套杯具是最安全的。

（4）中餐讲究的是餐桌上的热闹氛围，好像只有大家都动起来、喊起来才能体现吃得高兴，所以少不了敬酒或激动，遇到这种情况，要求服务员有意识的做到重点跟进，适当提醒客人，或移开面前的餐具。

（5）在培训时，加强各岗位员工主动意识的培训，培养系统思考的思维，并举例说明重要性，同时加强端托平稳度的练习。

（6）加强新员工对餐具爱护意识的培训，在实践工作中多跟进指导，同时安排老员工做到重点的指导。

3. 餐具丢失预防措施

（1）坚持使用餐具出入登记本，当天送出的餐具保证当天收回。

（2）每日下班前检查本管辖范围内的餐具，核对清楚后方可下班。

（3）对于易丢失的小件餐具，要归类放置。

二、厨房餐具管理方法与制度

1. 餐具管理，账目先行

在每个月的固定时间，清点登记厨房所有餐具。一般是每个月的月底，由财务部门派专人监督清点，厨房人员配合进行。如果有新进的餐具，财务部都会有存根可查，到月底两相对照，即可盘出相差多少个。

2. 环环紧扣，互相监督

菜从厨房出品后会先经过传菜间，在传菜间，跑菜的服务员如果发现盘碗有破损，原菜退回厨房换餐具，此破损餐具由指定人员登记（一般是当日厨房间的领班），其破损归厨房。如果在传菜间跑菜的服务员因为太忙没发现，传到了前厅，而上菜的服务员在菜品端上桌之前发现了，也可做同样处理。只要菜一上桌，破损就归前厅（具体说就是这个服务员）。

客人吃完饭，服务员收台后将碗盘送到清洗组，清洗组在清洗过程中发现破损餐具后，先挑出来放一边不洗，只洗完整的。等到开餐结束后，餐厅会派一个主管来做登记，把放在一边没洗的盘子数清楚记录，这部分破损归服务员。而只要进了洗碗池的盘子，即便是洗了一半发现有破损的，也归清洗组。

清洗组清洗后的餐具进入消毒间，每天晚餐结束后，厨房的安全检查组会来清点洗好的餐具，如有破损，要归清洗组。

3. "无头公案"大家摊

月底厨房盘点，与档案核对时可能会发现一些"无故遗失"的盘子。出现这种情况有几个原因：一是有些道德水准不高的内部人员会将喜欢的或价值较高的盘子带回家；二是有服务员在上菜时打破后，趁别人不注意偷偷扔掉或作其他处理了；洗碗组也可能洗完后才看见有破损，趁主管不在、登记破损的前厅人员没来的时候处理掉；厨房中也会有人做些手脚，使新进的盘子根本没有在备录上登记，等到盘点时就根本没有这件东西。如此等等，每个部门都会发生类似的情况，所以把这部分损失平摊到三个部门，他们一般不会有意见。上述情况中，如有隐瞒不报、自行处理被抓"现行"或后来被发现，要按员工过失处理，处罚会很重，一般是缺一罚十，另外还要被记大过，如果被记过两次，这个员工就会被辞退。

4. 老板垫底，超额分摊

各部门在登记破损时是先记下盘子的型号，等到月底财务清点时按成本价计算出破损费用，并同时计算出三个部门分摊的比例。这部分费用要除去一种情况："冤有头、债有主"的破盘子，也就是在摔破盘子时被当场看到并做记录的，这位员工当天就要按盘子的成本价把钱上交到财务，而这个盘子的记录也就从备案中销掉，并作备注。

这样，在月底时参与破损费用分配的就是找不到源头的情况。

首要的是确定自然破损率。之所以确定一个"自然破损率"，是因为只要开酒店，想一个盘子都不破是不现实的。根据酒店的情况，将自然破损率定为千分之二，这个数额不是太高，在酒店老板能够接受的范围之内。假设每个月底财务盘出的破损额是3000元，而这个月的营业额是100万元，那么酒店老板承担的自然破损额就是2000元，剩下的1000元由前厅、厨房、后勤（清洗组）三个部门按登记的比例分别负担。假设这个月参与分配的破损额不到2000元（即少于千分之二），则全部由酒店老板承担。

各部门内部的分配比例则由各部门经理自行制定。比较常用的方法就是分摊到部门内每个员工身上，在月底做工资时扣除。

■ 思考题

1. 厨房设备选择有哪些原则？
2. 厨房设备管理的意义何在？
3. 如何对厨房设备进行使用和保养？
4. 怎样做好厨房餐具的管理？

项目 **9**

厨房卫生与安全管理

◎ **学习目标**

1. 了解保障厨房卫生的重要性。

2. 了解厨房卫生质量管理。

3. 熟悉各类食品的卫生要求。

4. 了解厨房安全生产常识并能对常见安全事件进行有效控制。

5. 掌握厨房产品的卫生安全控制。

◎ **学习重点**

1. 厨房卫生质量管理的内容。

2. 厨房安全生产常识及常见安全事件的有效控制方法。

任务 1　厨房卫生安全概述

◎ 任务驱动

1. 什么是厨房卫生安全？
2. 保障厨房卫生的重要性有哪些？

◎ 知识链接

一、厨房卫生安全的重要性

厨房卫生安全包含厨房卫生和厨房安全两方面内容，是餐饮企业不可忽视的两个管理重点，不仅关系到企业的经济效益，还关系着企业宾客和员工的人身安全及健康，管理上的松懈和失误往往会造成严重后果。

卫生是厨房生产始终需要强化的至关重要的方面。厨房卫生指厨房生产原料、生产设备及工具、加工生产环境以及相关生产和服务人员及其操作的卫生。厨房卫生管理就是从菜点原料选择开始，到加工生产、烹饪制作和销售服务的全过程，都确保食品处于洁净无污染的状态。厨房卫生管理事关消费者身心健康，波及餐饮企业经营成败，因此，厨房卫生管理作为厨房管理的重要工作内容，切不可掉以轻心。

1. 保障厨房卫生的重要性

厨房卫生及其卫生管理对消费者、餐饮企业和厨房生产人员都有着直接或间接的影响，其重要性集中表现在以下几个方面。

（1）卫生是保证顾客消费安全的重要条件　消费者到餐饮企业用餐，餐饮企业理应信守承诺，按时提供物有所值的产品，而这些产品的基本销售条件是洁净、卫生；产品在给消费者提供其所需要的营养的同时，不能给消费者带来卫生方面的伤害。厨房卫生既包括烹饪原料、产品生产和销售经营环境的卫生，还包括就餐客人食用过程以及食用后的身心健康。消费者在工作、学习、生活过程中需要补充营养，餐饮企业无疑是营养供给站。如果餐饮企业生产、销售的产品卫生不达标，甚至含有重大卫生隐患，轻则消费者身心健康受到危害，重则消费者的生命安全受到威胁。

（2）卫生是创造餐饮企业声誉的基本前提　餐饮业的竞争，表现为厨房生产、服务技术技巧、营销能力、产品新意和适应性、价格水平等方面的综合实力的竞争。而所有这些，卫生是根本。卫生是餐饮企业投身市场竞争的基本前提，有了这方面的基本保障，才有更高层次的策划和取胜的可能；缺少这方面的保障，长期给消费者以脏乱不堪的印象，时常在卫生上犯规出错，或时有食物中毒事故发生，餐饮企业将会被社会、同行视为不具备基本条件，企业的声誉必将江河日下，消费者也将因此望而却步，其销售市场必将萎缩甚至丧失殆尽。反之，餐饮企业在当地卫生检查、评比中屡屡获奖，企业的卫生面貌有口皆碑，不仅使餐饮企业有良好的口碑，餐饮企业的人气和效益也会随之增长。

（3）卫生决定餐饮企业经营成败　厨房卫生影响着餐饮企业的声誉，进而影响客人对餐饮企业的选择。厨房卫生长期不达标或出现食物中毒事故，政府有关部门也会出于保护消费者利益的目的，要求甚至责令餐饮企业停业整顿。

（4）卫生构成员工工作环境　厨房卫生既是对消费者负责，同时也是关心、爱护员工，保护员工利益的具体体现。购买卫生合格的原料，在符合卫生条件的状态下进行加工、生产、销售，员工工作会踏实自然，员工的身心健康得以保护；相反食物中毒等卫生事故一旦发生，餐饮企业蒙受损失的同时，员工的名誉、利益也因此而遭受影响。因此，一贯的卫生工作高标准、严要求，在创造、保持员工良好工作环境的同时，也是保护员工利益的切实体现。

安全是保证厨房生产正常进行的前提。厨房既存在一系列不安全因素，生产又必须保证安全。安全管理不仅是保证餐饮企业正常经营的需要，同时也是维持厨房正常工作秩序和节省额外费用的重要措施。因此，厨房管理人员和各岗位生产员工都必须意识到安全的重要性，并在工作中时刻注意正确防范。

2. 保障厨房安全的意义

厨房安全指厨房生产所使用的原料及生产成品、加工生产方式方法、人员设备及其制作过程的安全。安全是厨房生产的前提，厨房安全是餐饮企业良好工作秩序的保障，安全对于厨房生产和管理具有相当重要的意义。

（1）安全是有序生产的前提　厨房生产需要安全的工作环境和条件，厨房里具有多种加热源和锋利的器械，这些方面构成众多的不安全因素和隐患，要使厨房员工放手、放心工作，厨房在设计时就应充分考虑安全因素，如地面的选材、烟罩的防火、蒸汽的方便控制和及时抽排等；同样，平时的厨房管理、员工劳动保护都应以安全为基本前提。否则，厨房事故频发、设备时好时坏、员工担惊受怕，厨房正常的工作秩序和良好的出品质量都将成为空话。

（2）安全是实现企业效益的保证　餐饮企业效益是建立在厨房良好、有序的生产和出品基础之上的。倘若厨房安全管理不利，事故频频发生，媒体反面宣传不断，客人不敢光顾，生意自然清淡。除此之外，餐饮企业内部屡屡发生刀伤、跌伤、烫伤等事故，员工的医疗费用增多，病假、缺工现象增加，在企业费用增大的同时，厨房的生产效率和工作质量也没有保障，企业效益必然受损。而一旦有火灾事故发生，企业声名扫地，社会效益和经济损失更是不可估量。相反，如果厨房安全条件优越，安全管理有效，员工工作热情高涨，事故发生率极小，不仅可以有效节省企业费用，而且也为提高劳动效率、提高出品质量创造了条件。

（3）安全是保护员工利益的根本　员工是企业最有潜力的生产力，厨师是餐饮企业最有活力、最有开发价值的生产要素。厨房员工积极性被充分调动起来之时，就是餐饮企业成本控制、菜点创新、质量达标率效果最佳之期。而要做到如此，关心厨房员工、体恤厨房员工，发现并认可厨房员工的劳动，改善厨房员工工作环境和条件是前提。厨房安全又是这几个方面的基础。安全没有着落，厨房漏气、厨房设备陈旧破烂、厨房器具带病使用、厨师操作站立不稳（地面用材不当）、厨房员工操作互相碰撞，诸如此类，厨房员工安全没有保障，生产必定受到影响。反之，厨房安全系数高，员工工作心情舒畅，员工利益切实得到保护，员工的向心力无疑随之增强，工作积极性自然会随之高涨。

二、影响产品卫生安全的因素

影响产品卫生安全的因素主要有以下几方面。

1. 厨房环境的卫生安全

厨房建筑设计除了必须符合食品生产卫生安全要求之外，还要持之以恒地做好场地的卫生，实行卫生包干责任制。厨房的一切设施设备都要有人负责清洁工作，还要制定卫生标准，保证清洁工作的质量。墙壁、天花板、地面要保持良好状况，以免藏污纳垢，滋生蟑螂、老鼠等有害物。初加工间、炉灶、厨房洗涤间等均要有单独下水道，并保证下水道畅通。厨房垃圾处理要及时，并要对清洁用品及工具进行必要消毒。

2. 厨房设备及餐具的卫生安全

厨房设备及餐具卫生安全就是要使设备、餐具表面无污垢、无有害细菌，定期对设备进行安全检查，确保设备安全运行。为此，对加工食物的炊具、厨具必须经常洗涤消毒；对烹饪设备要建立安全管理责任制度，确保无安全隐患；对餐具要采用煮沸、蒸汽或化学药物消毒法进行消毒。

3. 生产原料及生产过程的卫生安全

原料的卫生安全一般通过感官来鉴定。为了确保安全，一般要求把握好原料采购、厨师鉴别等环节。一些易腐败的食物当天用完，不隔夜存放。建立食品安全标签制度，为所有食品贴上生产日期，有利于提醒工作人员不使用过期食品，保证卫生安全。在生产过程中，严格按照食品卫生安全制度操作，杜绝食品安全隐患。杜绝有毒食品进入食品厨房。

4. 厨房卫生安全制度的建立

厨房必须建立一套完善的卫生安全制度。完整的制度体系可以使管理者有法可依，使一般员工知道如何规范自己的日常工作。

5. 员工的卫生安全教育

员工在上岗之前必须经过卫生安全教育，在掌握所有卫生安全知识，通过考核后才能上岗。厨房可以实行奖惩制度，促使员工规范操作。

三、国家相关法规制度

《中华人民共和国食品安全法》于2009年6月1日正式公布施行，从此我国的食品安全管理工作进入了法制管理的时期。搞好食品安全，保障人民身体健康，是《中华人民共和国食品安全法》的宗旨。

《中华人民共和国食品安全法》是食品安全领域的一项大法，是保障人民身体健康的基本法。所有的食品生产经营企业、食品安全监督管理部门和广大人民群众都应深刻认识，遵照执行。餐饮企业厨房员工更应自觉以该法为准绳，制定各项管理制度，督导烹饪生产活动，切实维护企业形象和消费者利益。

任务 2　厨房生产卫生管理

◎ 任务驱动

1. 厨房环境卫生管理主要体现在哪些方面？
2. 如何控制厨房生产加工过程中的卫生安全？

◎ 知识链接

一、厨房环境卫生管理

根据厨房的规模和设备情况，为始终保持干净清洁，必须实行卫生包干责任制，不论何处何物都有人负责日常清洁工作；制定卫生标准，保证清洁工作质量；有计划地实施检查，确保达到卫生目标。

厨房环境卫生管理主要体现在以下方面。

1. 墙壁、天花板、地面的卫生管理

厨房墙壁、天花板应采用浅色、光滑、不吸油水的材料。用水泥或砖面砌成的内墙应具有易于清洁的表面，各种电器线路和水气管道均应合理架设，不应妨碍对墙壁和天花板的正常清扫。厨房地面应采用耐久、平整的材料铺设，必须经得起反复冲洗，不至于受厨房内高温影响而开裂、变软或变滑，一般以防滑无釉地砖较为理想，必要时可在通道和操作处铺设防滑垫。同时，地面应有坡度，标准坡度为1%，以利冲洗、排水和保持干燥。墙壁、天花板、地面应及时维修，并保持良好状态，以免藏污纳垢，滋生蟑螂、老鼠等害虫。

2. 下水道及水管装置的卫生管理

由于下水道或水管安装不妥而引起传染病和食物中毒的，原因不外乎饮用水管和非饮用水管交叉安装，污水管滴漏，下水道堵塞，污水倒灌，造成食品和炊具的污染。因此，凡是有污水排出以及有水龙头冲洗地面的场所，如粗加工间、炉灶、厨房洗涤间等，均须有单独下水道和窨井，窨井直径宜大，以免在寒冷季节因油垢冻结而引起阻塞。饮用水管都应有防倒流装置，非饮用水管应有明显标记，应避免饮用水管和污水管道交叉安装。

3. 通风、照明设备的卫生管理

厨房、储藏室、洗涤间、餐厅、更衣室、卫生间、垃圾房等都应有良好的通风设备。厨房应安装排烟罩、排气罩，以排出由烹调、洗涤产生的油烟、湿气、热空气和不良气味，防止油烟、水汽在墙壁和天花板凝聚下滴而污染食品、炊具；同时应有通风设备，输入热空气或冷空气，以调节厨房内的温度。先进的通风设备能使厨房内空气产生微小的负压，以防厨房内气味随空气流入餐厅或其他公共场所。光线明亮，污垢会特别显眼；昏暗的环境中，清洁卫生便无从谈起。厨房应根据实际需要安装相应的灯光设备。值得一提的是，应在厨房安装防爆灯具或使用防护罩，以免灯泡爆裂时玻璃片伤人或散入食物内。

4. 洗手设备的卫生管理

洗手设备应包括洗手池、冷热水、肥皂或皂液、专用毛巾或吹干机。洗手设备应按时检修、打扫，及时补充卫生用品。厨房内加工食物用或洗涤设备、厨具用的水池不能用于洗手。

5. 厨房对垃圾和废物的处理，必须符合卫生的规程

室外的垃圾箱要易于清理，要防止虫、鼠的进入，防止污水的渗漏，并按时处理，以保护周围环境不受气味、虫和细菌的污染。厨房内的垃圾桶（箱）必须加盖，并要有足够的容量来盛装垃圾，必须按照卫生要求进行袋装化管理，并及时清理和清洗，桶、箱内外要用热水、洗洁剂清洗。

二、厨房各作业区的卫生管理

1. 炉灶作业

（1）每日开餐前彻底清洗炒锅、手勺、笊篱、抹布等用品，检查调味罐内的调味料是否变质。淀粉要经常换水。油钵要每日过滤一次，新油、老油要分开存放；酱油、醋、料酒等调味罐不可一次投放过多，常用常添，以防变质及挥发。精盐、食糖、味精等要注意防潮，防污染，开餐结束后调味容器都应加盖。

（2）食品原料在符合菜肴烹调要求的前提下，要充分烧透煮透，防止外熟里生，达不到杀灭细菌的目的。

（3）切配和烹调要实行双盘制。配菜应使用专用配菜盘、碗，当原料下锅后应当及时撤掉，换用消毒后的盘、碗盛装烹调成熟后的菜肴。

在烹调操作时，试尝口味应使用小碗和汤匙，尝后余汁切忌倒入锅内。用手勺尝味时，手勺须清洁后再用。

（4）营业结束后，清洁用具，归位摆放，清洗汤锅，清理调料。

每日用洗涤剂擦拭清洗吸烟罩和灶面的油腻和污垢，做到卫生、光洁、无油腻。清理烤箱、蒸笼内的剩余食品，去除烤盘内的油污，放尽蒸笼锅内的水。

2. 配菜间

（1）每日开餐前，彻底清理所属冰箱，检查原料是否变质。

（2）刀、砧板、抹布、配菜盘等用具要清洁，做到无污迹、无异味。

（3）配料、小料要分别盛装，摆放整齐，配料的水盆要定时换水。需冷藏保鲜的食品原料应放置在相应的冰箱内。

（4）在开启罐头食品时，首先要把罐头表面清洁一下，再用专用开启刀打开，切忌用其他工具，避免金属或玻璃碎片掉入。破碎的玻璃罐头食品不能食用。

（5）配菜过程中，随时注意食品原料的新鲜度及卫生状况，认真配菜，严格把关。

（6）营业结束后，各种用具要及时清洁，归位放置，剩余的食品原料按不同的贮藏要求分别储存。

3. 冷菜间

（1）冷菜间要做到专人、专用具、专用冰箱，并要有紫外线消毒设备。防蝇、防尘设备要健全、良好。

（2）每日清理所属冰箱，注意食品的卫生状况，生、熟食品要分别放置。

（3）刀、砧板、抹布、餐具等用具要彻底清洗，消毒后再使用，抹布要经常搓洗，不能一布多用，以免交叉污染。

（4）要严格操作规程，做到生熟食品的刀、砧板、盛器、抹布等严格分开，不能混用。尤其在制作凉拌菜、冷荤菜时一定要用经过消毒处理的专用工具制作，防止交叉污染。

（5）在冷盘切配操作时员工应戴口罩。

（6）营业结束后，各种调味汁和食品原料要放置在相应的冰箱内贮藏，用具彻底清洗，归位摆放，工作台保持清洁、光亮、无油污。一些机械设备如切片机要拆卸清洗，彻底清除食物残渣，以防机械损坏和设备污染。

4. 点心间

（1）保证各种原料和馅料的新鲜卫生，定时检查所属冰箱。

（2）刀、砧板、面案要保持清洁，抹布白净，各种花色模具、面杖，随用随清洁，以防面粉油脂等残留物腐败，而影响使用寿命和污染食品。

（3）营业结束后，清洗各类用具，归位摆放。蒸笼锅放尽水，取出剩余食物，用洁布擦尽油污和水分，清除滴入笼底的油脂。烤箱切断电源，取出剩余食物。清洗烤盘，擦干水。清理灶面调料和用具，清洁灶面、吸烟罩。各类馅料、原料按不同储藏要求分别放入冰箱储藏。

5. 粗加工间

（1）刀、砧板、工作台面、抹布保持清洁，及时清除解冻水池、洗涤水池的物料和垃圾，以防堵塞。

（2）购进的各类食品原料，按不同要求分类分别加工，对于容易腐败变质的原料，应尽量缩短加工时间和暴露在高温下的时间。对于原料解冻，一是要采用正确的方法；二是要迅速解冻；三是各类食品的原料应分别解冻，切不可混在一起解冻。加工后的原料应分别盛装，再用保鲜膜封存，放入相应冷库待用。

（3）食品原料入冷库后，应分类摆放在不同的食品架上，以便于取用。冷库要及时清除地面的污面、积水，定时整理食品架，食物不得超期存放。一般来说，当天需取用的原料应存放于冷藏库（2~5℃），存放时间不得超过24h，需贮存较长时间的原料则应标明日期存放于冻冻库内（-23℃~-18℃），原料取用时应遵循"先存先用"的原则，不得随意取用。

（4）各类食品机械如锯骨机、刨片机、绞肉机、去皮机等使用完毕后，应去除食物残渣，及时清洁，使之处于最佳使用状态。

三、厨房生产加工过程中的卫生管理

1. 食品的储存

安全储存食物的目的是防止食物污染及食物中细菌生长。在储存食物时，控制温度是十分重要的环节，易腐烂食品要尽可能保持在危险温度区以外，即4~60℃以外。

（1）干燥食品的储存。

干燥食品是指那些在常温状态下，细菌不易生长的食品，包括面粉、糖和盐、谷物、大米和其他粮食、干燥的大豆、精制麦片、面包、饼干、油、酥油、未开封的瓶装罐装食品等。

储存这些食品时要做到以下两点：

① 将食品储存在干燥凉爽的地方，不要着地，不要靠墙，不要放在下水管道附近。

② 将装有这些食品的容器密封盖严，以防虫蛀和落入灰尘，虽然这些干燥食品不需冷藏，但它们也可能受到污染。

（2）冷冻食品的储存。

① 冷冻的食品需要储存在-18℃以下。

② 将冷冻食品包装好，以防解冻。

③ 将所有冷冻食品贴上标签，标明日期。

④ 采取适当的方法解冻食品，解冻方法有：冷藏箱解冻；自来水解冻；对于立即需要食用或烹调的食物，采用微波炉内解冻。解冻时不要采用温室解冻，用这种解冻方式时，食品内部还未解冻，食品的表面温度就会达到4℃以上，从而导致细菌滋生。

（3）冰箱冷藏储存。

① 所有易腐烂食品都要保存在冰箱里。注意食品危险区的底线4℃只是冰箱储存的最高限。当然新鲜水果和蔬菜例外，因为这些并不是潜伏危险食品。

② 冰箱中不要装得过满，食品之间要留有空隙，以便冷空气流通。

③ 除放进或拿出食品的时候外，一定要将冰箱门关好。

④ 保持冰箱内部清洁。

⑤ 生、熟食品分开。

⑥ 若无法将生、熟食物分开储存，则将熟食放在生食之上。若将熟食放在生食之下，熟食上就会被水滴和溢出物污染。熟食食用前须加热。

⑦ 把冷藏的食品包好、盖好，放在干净卫生的容器中。

⑧ 不要让任何不洁物体沾到食品上，不要让容器的表面接触食物。

⑨ 冷藏热的高汤须在放入冰箱前使之冷却。因为刚从炉子上端下来的汤在冰箱中冷藏，需要10h才能降到4℃以下，这就使细菌有足够的时间生长。

⑩ 当将蛋白质、沙拉类食品放在冷柜或冷藏桌准备加工时，不要将食物堆得高出容器壁，容器壁以上的食物无法保持足够的低温。

（4）热食的存放。

① 即将食用的热食须放在蒸汽台或其他保温设计中，这样才能确保食物各部分都始终在60℃以上。

②盖好食品以免散热。

③利用炉具尽快使食物达到60℃以上，不要将冷冻食品直接放在蒸汽台上，这样加热需要很长时间，细菌会乘机而入。

④禁止将即刻食用的食品与任何不洁物体接触，以免受污染。

2. 食品的处理与准备

在加工食品时需要注意两大卫生问题，第一是交叉感染，即将食物、物品、设备上的细菌传送到其他食品上；第二是在处理食品时，温度通常在4~60℃，即食品经常处在危险区内，细菌感染的迟滞会留有一点时间，但为安全起见，最好还是尽快使食品脱离危险区。这就需要做到以下几点：

- 选择信誉良好的食品供应商以保证购买干净、健康的食品，购买经政府部门检疫过的肉、禽、鱼、蛋及奶制品。
- 尽量减少直接用手接触食品和手工处理食品的机会，使用手铲或其他器具来代替手工操作。
- 使用清洁消毒的设备和工作台。
- 加工完鲜肉、禽、鱼后，立即将案板和设备清洁干净并消毒。
- 随时清洗所用过的工具，不要等到一天工作结束才清洗。
- 对水果蔬菜应每次彻底清洗干净。
- 从冰箱中拿出食品时，一次只拿出1小时内能加工完毕的食品，不要多拿。
- 尽量将食品封盖好。
- 任何易腐烂的食物在危险温度区间内存放都不要超过1小时。
- 每次食用前，都要将熟的食品加热后再食用。
- 不要将存放的熟食与新制作出的食品混在一起。
- 在制作蛋白沙拉、土豆沙拉时所用的原料均须预先冷却。
- 应尽快将奶冻、奶油馅和其他易坏食品放在消过毒的浅盘内，盖好，放在冰箱中冷却，不要把锅叠放在一起。
- 烹制猪肉时要使肉内温度达到65℃以上。

3. 设备的清洗与消毒

清洗是指把肉眼看得见的灰尘污物洗掉。消毒就是将病菌杀死，现有两种消毒方法——高温消毒法和化学制剂消毒法。

（1）手工洗碗和消毒。

①擦净和预冲：这一步的目的是使洗碗用的水能干净些，使用时间长些。

②清洗：用45℃左右的温水和质量好的洗涤剂清洗，用刷子除掉所有肉眼能看得见的

污物和油渍。

③ 漂洗：用干净的温水把洗涤剂洗掉，要常换水或用流水。

④ 消毒：把洗完的器皿放在一个架子上，在77℃以上的热水内浸泡30秒钟，要不断加热以保持温度。

⑤ 晒干：不要用抹布擦干，这样会使器皿再次受污染，不要接触已消毒过的盘碗和银制餐具器皿的内侧表面。

（2）机械洗碗和消毒。

机械洗碗的步骤与手工洗碗相同，只是由机器来进行操作。

① 擦净和预冲。

② 将碗盘摆放在架子上，机器均匀洗刷全部器皿。

③ 开动机器全面清洗。

④ 消毒：机器消毒温度在82℃以上，化学制剂温度在60℃以上。

⑤ 晾干并检查，不要接触食物表面。

（3）厨房用具和设备清洗和消毒。

① 用与手工洗碗相同的洗涤槽，程序相同。

② 不要用钢刷，这样会出现划痕，给细菌提供藏身之处，且钢刷容易掉钢丝，可能会留在锅内而混入食品中。

③ 烘烤食物的器皿要先擦净并预冲，在第一个槽中浸泡一会儿，以去掉粘在器皿中的残渣，然后再擦净和预冲一遍。

④ 对设备消毒可用化学制剂，而不用高温消毒。使用经食品卫生部门认定批准的制剂消毒，并按说明书的要求进行操作。

（4）固定设备和工作台的清洗和消毒。

① 清洗电动设备前，先将电源插头拔掉，否则，很可能会造成触电事故。

② 对可拆卸的设备，尽可能拆卸下来后再清洗，所有经过浸泡洗涤的零部件，都要清洗干净并消毒。

③ 用洗涤剂和干净抹布将所有直接接触食物的台面清洗干净。

④ 用强力消毒剂和专用抹布对所有的台面消毒。

⑤ 晾干。

⑥ 重新将设备零件安装好。

4. 预防老鼠和昆虫污染

预防老鼠和昆虫污染食物有4种基本方法。

（1）清除外部隐患。

① 将所有老鼠可能进入的孔洞都堵住。

② 把所有门窗都用纱帘挡上。

③ 确保所有的门都可以自动关闭或安装上驱蝇风扇、灭蝇灯。

④ 经常检查新进的货物，以防虫蛀。

（2）消除内部隐患。

① 把墙上、地板上的孔洞修补好。

② 消除设备、工作台、橱柜的死角。

③ 不要将食品和原料堆放在地板上。

④ 把所有裂缝封闭，将松动的瓦片、墙面、壁纸等修好。

⑤ 把所有可能滋生虫鼠等的东西都扔掉，如垃圾、污物等。

（3）断绝食物来源。

① 把所有的食物都包好，盖严。

② 把垃圾桶盖严，最好用金属制的垃圾桶，以防鼠害。

③ 把溅落的食物收拾干净。

④ 保持良好的卫生环境，地板、墙面、设备时时清扫，保持清洁。

（4）使用药物消除。

使用杀虫剂、灭鼠药等可以彻底根除虫害、鼠害，但由于多数的杀虫剂、灭鼠剂等是有毒物质，因此不能在食品加工制作场所使用，最好不要自己随意使用。

四、厨房工作人员个人卫生管理

厨房员工接触食物是日常工作的需要，因此必须对他们加强卫生教育，养成良好的卫生习惯。预防食物传染病的首要步骤就是操作人员应该保持良好的个人卫生，即便是在健康无病的情况下，人体皮肤上、鼻子里、嘴里也都有大量细菌，其中有些细菌若沾到食物上就会成倍生长，从而引发疾病。因此操作人员要做到以下几点：

- 若患有传染性疾病，切勿从事食品加工工作。
- 保持天天洗澡的习惯。
- 保持头发清洁整齐，工作时要戴帽子或发套。
- 保持服装和围裙清洁。
- 保持胡须修剪整齐。
- 工作前将手和裸露的肤体洗干净，在工作时更要尽可能经常清洗上述部位，尤其是在饭后、酒后、抽烟后、上厕所后、接触过任何可能感染上细菌的东西后。
- 咳嗽或打喷嚏时，用手将嘴捂上，然后将手洗干净。
- 不要随便用手触摸自己的脸、眼睛、头发和胳膊。
- 将手指甲剪短，保持清洁，不要涂抹指甲油。

- 工作时不要吸烟或嚼口香糖。
- 用清洁的绷带包扎伤口红肿部位。
- 不要坐在工作台上。

五、其他环节的卫生控制

（1）采购人员必须对所采购的物品负责。保证食品原料处于良好的卫生状态，没有腐败、污染和其他感染。食品的来源必须符合有关卫生标准和要求，凡不是正式食品加工机构加工的罐头、袋装或密封的食品，禁止购买、禁止使用。对无商标、无生产厂家、无生产日期的食品也应禁止采购。

（2）建立严格的验收制度，指定专人负责验收，当发现有不符合卫生要求的原料时应拒绝接受，并追究采购人员的责任。

（3）合理贮藏，保证原料质量。储藏室的卫生要做到"四勤"（勤打扫、勤检查、勤整理、勤翻晒）；"五无"（无虫蝇、无鼠害、无蟑螂、无蜘蛛网和灰尘、无污水）；"二分开"（生熟分开、干湿分开），防止污染。

（4）厨房人员要做到不领用、不加工腐败变质的食品原料，烹调时严格遵守卫生要求，保证菜点质量。

（5）原料加工场地要与生产和销售场地隔离，杜绝交叉污染。

（6）用具、餐具、炊具都必须进行严格的消毒。要求做到"一刮、二洗、三冲、四消毒、五保洁"。一刮就是要刮去残羹剩料；二洗是要用洗涤剂洗去油污；三冲是用清水冲洗；四消毒是要用沸水、蒸汽、电子消毒箱或药物进行消毒；五保洁是指防尘、防污染。

（7）禁止闲杂人员进入厨房。

六、建立相关卫生安全管理制度

（一）厨房食品卫生制度

厨房食品卫生既包括食品原料采购、收货、储存、领发等主要环节卫生，还包括原料进入厨房以后，经过加工、洗涤、切配、烹制到菜肴成品销售给顾客期间的所有环节的卫生。食品卫生制度主要是强化食品在餐饮企业生产、经营每一个环节的管理，以切实保证食品不受污染、卫生安全的制度。

1. 食品原料采购验收卫生管理制度

（1）食品原料的采购和验收是食品卫生管理的首要环节，这个环节工作质量的高低，直接影响着厨房产品材料的卫生质量，也将影响食品加工全过程的卫生质量。因此，餐饮企业必须认真抓好食品原材料采购验收的卫生管理。

（2）采购人员首先要对原料进行感官方面的鉴定，检查原料的色、香、味及外观形态，不购买腐败变质、生虫、霉变、污秽不洁、混有异物的食品原料。要求食品采购人员具有丰富的实践经验，掌握感官鉴定的基本原理和方法，把好原料采购卫生质量关。

（3）对每批采购原料必须索要卫生合格证，做到证货同行。国外进口食品原料必须经进口食品卫生监督部门检验合格，方可办理验货接收手续，确保卫生安全。

（4）运输食品原料的车辆必须有防尘、防晒、防蝇措施，保持清洁。生熟食品分车运输、易腐食品冷藏运输。

（5）购进鲜活原料，应尽量与专业厂家或专业供货商挂钩，实行定质、定时、定量进货，确保原料新鲜。采购、验收人员应讲究个人品德和职业道德，不徇私舞弊，以消费者和餐饮企业利益为重，杜绝违规操作。严格原料卫生质量验收是保证菜肴成品卫生、安全的基础，刺身菜肴尤其如此。

2. 食品库区卫生管理制度

（1）建立仓库管理责任制和食品入库验收登记制度，专人管理。登记内容包括品名、供应单位、数量、进货日期等。对入库食品进行感官检查，并查验证明，凡是腐败变质、生虫、发霉、与单据不符、无加盖卫生检疫合格章的肉食品，或其他卫生质量可疑的食品不能入库。

（2）食品储藏要按种类、分库、隔墙离地分类定位挂牌、上架存放。尤其要将生的原料、半成品和熟食品分开，切忌混放和乱堆，以防交叉污染。

（3）库内必须设有防止老鼠、苍蝇、蟑螂等有害动物和昆虫进入的设备和措施，门窗应有纱窗、纱门，并保持干燥通风，以消除有害生物的滋生条件。

（4）每日应检查食品原料质量，油、盐、酱、醋等各种调料瓶、罐要加盖保存，定期擦洗。发现变质食品原料立即处理。

（5）领用食品原料应检查其有无过保质期、有无腐烂变质、有无霉变、虫蛀或被鼠咬，如果出现上述情况则应立即就地处理，不得加工食用。

3. 冷库卫生管理制度

冷库卫生管理除按照一般食品库的管理要求以外，还应注意抓好以下几点。

（1）专人负责，卫生管理责任明确。

（2）鲜货原料入库前，要进行认真检查，不新鲜或有异味的原料不能入库。食品原料要快速冷冻，缓慢解冻，以保持原料新鲜，防止营养物质流失。

（3）肉类、禽类、水产品、奶类应分别存放，防止交叉污染。

（4）冷库要保持清洁，无血水、无冰碴，定期清除冷冻管上的冰霜。

（5）各种食品原料应挂牌，标出进货日期，做到先进先出，缩短储存期；含脂肪较多的鱼、肉类原料容易因储存期过长油脂氧化产生哈喇味，所以更应注意储存期。

4. 主食品库卫生管理制度

（1）主食品库必须保持低温、干燥、通风，以保持粮食干燥，防止霉变和虫蛀。

（2）主食品按类别、等级和入库时间的不同分区堆放，挂牌标示，不可混放。袋装米面必须架起，使之通风，防止霉变。

（3）主食品库内不能放带有气味或异味的物品，以免污染粮食。

（4）要有防止老鼠、昆虫和苍蝇进入的措施，保持库内清洁卫生。

（二）厨房生产卫生制度与标准

制定厨房生产卫生制度与标准，并以此要求检查、督导员工执行，可以强化生产卫生管理的意识，起到防患于未然的效果。

1. 厨房卫生操作规范

（1）化冻食物不能再次冷冻，以免质量降低，细菌数增加，应一次用掉或煮熟后再储藏。

（2）对食物有怀疑，不要尝味道，看上去对质量产生怀疑的食品及原料就应弃除。

（3）水果或蔬菜未洗过不能生产出售，罐头熟食未清洁不能开启，避免污染。

（4）设备、玻璃、餐具、刀叉、匙或菜盘上不得有食物屑残留，避免污染。厨房设备用后要清洗干净，玻璃餐具、刀叉、匙和菜盘用前要检查。

（5）餐具有裂缝或缺口的不能使用，细菌可在裂缝中生长。

（6）不坐工作台，不倚靠餐桌，衣服上的污染物会传播到菜上。

（7）不要使头发松散下来，头发落在食物里可造成污染，应戴发网或帽子。

（8）手不要摸脸、摸头发、不要插在口袋内，除非必要，不要接触钱币，如必须做这些事情时，事后要彻底洗手。

（9）不要嚼口香糖之类的东西，以免散布传染病。

（10）避免打喷嚏、打哈欠或咳嗽，如果不能避免，则一定要侧转身离开食物或客人，并要掩嘴。

（11）不要随地吐痰，以免散布传染病。

（12）工作时间不吃东西，不要端着清理的托盘或脏碟子吃东西，容易传染疾病。在指定的休息时间吃东西，用餐后要彻底洗手。

（13）厨房区域，工作期间不得吸烟。休息时间在指定的地方吸烟，吸完后要彻底洗手。

（14）不要把围裙当毛巾用，洗干净的手会被脏围裙污染，应使用纸巾。

（15）不要用脏手工作，可能造成污染，应用温热的肥皂水洗手，搓满泡沫，清水冲洗，用纸巾擦干。

（16）拿过脏碟子的手在未洗净前，不要去拿干净的碟子，这两个步骤之间要彻底洗手。

（17）不要用手接触或取用食物，应使用合适的器具辅助工作。

（18）不要穿脏工作服工作，应穿干净的工作服和围裙。

（19）避免佩戴首饰，容易引起食物屑聚积导致细菌污染。

（20）每天洗澡并使用除臭剂。

（21）不用同一把刀和砧板，切肉后不洗又切蔬菜，否则会散布沙门菌和其他病菌。刀、砧板要分开或用后清洗并消毒。

（22）不要带病上班，以免增加疾病传播机会。

（23）不要带着外伤工作，以免增加伤口发生感染和散布感染的危险，伤口要用合适的绷带包好。

（24）健康证已失效者不应上班，预防传染性疾病、结核病和性病的传播污染食物。经常注意失效期，及时换证。

（25）不要在洗涤食物的水槽里洗手，以免污染食物，应使用指定的洗手盆。

（26）不要用手指沾食物尝味，以免食物被唾液污染，应用汤匙品尝，并只能使用一次。

（27）用剩的食物不得再向客人供应，应把剩余食物扔掉，建议客人注意点菜分量。

（28）不要把食物放在敞开的容器里，空气中的尘埃可污染食物，食物要密封存放或加罩。

（29）不要将食物与垃圾同放一处，以免增加污染机会，应分别放在各自合适的地方。

2. 厨房日常卫生清理制度

（1）厨房卫生工作实行分工包干负责制，责任到人，及时清理，保持应有清洁度，定期检查，公布结果。

（2）厨房各区域按岗位分工，落实包干到人，各人负责自己所用设备工具及环境的清洁工作，使之达到规定的卫生标准。

（3）各岗位员工上班，首先必须对负责卫生范围进行清洁、整理和检查；生产过程中保持卫生整洁，设备工具谁用谁清洁；下班前必须将负责区域卫生及设施清理干净，经上级检查合格后方可离岗。

（4）厨师长随时检查各岗位包干区域的卫生状况，对未达标者限期改正，对屡教不改者，进行相应处罚。

3. 厨房卫生工作计划制度

（1）厨房对一些不易污染、不便清洁的区域或大型设备，实行定期清洁、定期检查的制度。

（2）厨房炉灶用的铁锅及手勺、锅铲、笊篱等用具，每日上下班都要清洗；厨房炉头喷火嘴每半月拆洗一次；吸排油烟罩除每天开完晚餐清洗里面外，每周彻底将里外擦洗一次，并将过滤网刷洗一次。

（3）厨房冰库每周彻底清洁冲洗整理一次；干货库每周盘点、清洁整理一次。

（4）厨房屋顶天花板每月初清扫一次。

（5）每周指定一天为厨房卫生日，各岗位彻底打扫包干区及其他死角卫生，并进行全面检查。

（6）清洁范围由所在区域工作人员及卫生包干区责任人负责；责任人的区域及公共区域，由厨师长统筹安排清洁工作。

（7）每期清洁结束之后，须经厨师长检查，其结果将与平时卫生情况一起作为员工奖惩依据之一。

4. 厨房卫生标准

（1）食品生熟分开，切割、装配生熟食品必须双刀、双砧板、双抹布，分开操作。

（2）厨房区域地面无积水、无油腻、无杂物，保持干燥。

（3）厨房屋顶天花板、墙壁无吊灰，无污斑。

（4）炉灶、冰箱、橱柜、货架、工作台，以及其他器械设备保持清洁明亮。

（5）切配、烹调用具，随时保持干燥；砧板、木面工作台显现本色。

（6）厨房无苍蝇、蚂蚁、蟑螂、老鼠。

（7）每天至少煮一次抹布，并洗净晾干；炉灶调料罐每天至少换洗一次。

（8）员工衣着必须挺括、整齐、无黑斑、无大块油迹，一周内工作衣、裤至少更换一次。

5. 厨房卫生检查制度

（1）厨房员工必须保持个人卫生，衣着整洁；上班首先必须自我检查，领班对所属员工进行复查，凡不符合卫生要求者，应及时予以纠正。

（2）工作岗位、食品、用具、包干区及其他日常卫生，每天上级对下级进行逐级检查，发现问题及时改正。

（3）厨房死角按计划日程厨师长组织进行检查，卫生未达标的项目，限期整改，并进行复查。

（4）每次检查都应有记录，结果予以公布，成绩与员工奖惩挂钩。

（5）厨房员工应积极配合，定期进行健康检查，被检查认为不适合从事厨房工作者，应自觉服从组织决定，支持厨房工作。

6. 厨房设备卫生管理制度

厨房设备卫生实行责任到人、分工负责、随用随清、定期强化的管理制度，具体设备卫生管理规定如下。

（1）厨房所有设备以附近岗位为主归属管理，明确责任岗位人员，负责看管、督促设备使用人员随时做好卫生工作。

（2）厨房所有设备，不管哪个岗位、人员使用，使用完毕，当事人应随手清洁设备，并组装完整，经设备卫生责任人检查认可方可离去。设备卫生责任人未经检查或检查未认可的设备清洁工作，设备使用人必须及时进行返工，厨房管理者负责督导完成。

（3）厨房员工必须主动接受设备正确操作、使用及清洁维护的培训指导，相关工作表现列入考核。

（4）厨房管理人员定期组织进行（也可与厨房相关工作结合进行）厨房设备卫生状况检查，检查结果与设备责任人经济利益挂钩。

（5）厨房设备责任人，因工作变动，原设备应明确新的责任岗位、责任人继续负责其卫生工作；原设备责任人，必须接受设备卫生检查，卫生合格方可办理工作变动手续。

任务 3　厨房生产安全管理

◎ 任务驱动
1. 厨房生产安全管理有何必要性？
2. 如何杜绝食物中毒事件的发生？

◎ 知识链接

一、厨房生产安全管理

所谓安全，是指避免任何有害于企业、宾客及员工的事故。事故一般都是由于人们的粗心大意而造成的，事故往往具有不可估计和不可预料性，执行安全措施，具有安全意识，可减少或避免事故的发生。因此，无论是管理者，还是每一位员工，都必须认识到要努力遵守安全操作规程，并具有承担维护安全的义务。

（一）安全管理的目的

厨房安全管理的目的，就是要消除不安全因素，消除事故的隐患，保障员工的人身安全和企业及厨房财产不受损失。厨房不安全因素主要来自主观、客观两个方面：主观上是员工思想上的麻痹，违反安全操作规程及管理混乱；客观上是厨房本身工作环境较差，设备、器具繁杂集中，从而导致厨房安全事故的发生。针对上述情况，在加强安全管理时应主要从以下几个方面着手：

（1）加强对员工的安全知识培训，克服主观麻痹思想，强化安全意识。未经培训员工不得上岗操作。

（2）建立健全各项安全制度，使各项安全措施制度化、程序化。特别是要建立防火安全制度，做到有章可循，责任到人。

（3）保持工作区域的环境卫生，保证设备处于最佳运行状态。对各种厨房设备采用定位管理等科学管理方法，保证工作程序的规范化、科学化。

（二）厨房安全管理的主要任务

厨房安全管理的任务就是实施安全监督和检查机制。通过细致的监督和检查，使员工养成安全操作的习惯，确保厨房设备和设施的正确运行，以避免事故的发生。安全检查的工作重点可放在厨房安全操作程序和厨房设备这两个方面。

与许多其他的工作相比，厨房工作还是比较安全的，尽管如此，厨房中还是存在着许多危险因素，刀伤、烧伤、烫伤是常见的事，其他更严重的伤害也时有发生，由于厨房中许多温度很高的加热设备和功率很大的加工设备，加之频繁紧张的工作，操作人员若想确保安全就必须严格地执行各项安全操作规范。

经营餐饮的管理人员必须注意以下问题才能保证厨房结构设计和设备有安全的使用特征。

① 厨房的结构、设备、电器等有良好的维修条件。

② 工作台和过道要有充足的照明。

③ 地面要使用防滑材料。

④ 紧急出口处要有鲜明的标记。

⑤ 设备要安装必要的安全措施。

⑥ 烹调设备器具，尤其是炸炉上方要安装经高温净化的灭火器。

⑦ 灭火器、灭火毯、急救箱等紧急设备应放在容易取放的地方。

⑧ 将紧急救援的电话号码贴在明显的地方。

⑨ 合理安排人员流动路线，避免相互碰撞。

（三）常见事故的预防

厨房常见事故有刀伤、跌伤、砸伤、扭伤、烧烫伤、电击伤等。

1. 刀伤

刀伤主要由于使用刀具和电动设备不当或不正确而造成的。其预防措施是：

（1）在使用各种刀具时，注意力要集中，方法要正确。禁止拿着刀具打闹。使用完毕后将刀具放在安全的地方，如刀架上。

（2）刀具等所有切割工具应当保持锋利，在实际工作中，钝刀更易伤手。

（3）操作时，不得用刀指东画西，不得将刀随意乱放，更不能拿着刀边走路边甩动膀子，以免刀口伤着别人。

（4）不要将刀放在工作台或砧板的边缘，以免震动时滑落砸到脚上；一旦发现刀具掉落，切不可用手去接。

（5）清洗刀具时，要一件件进行，切不可将刀具浸没在放满水的洗涤池中。

（6）在清洗设备时，要先切断电源再清洗，清洁锐利的刀片时要格外谨慎，洗擦时要将抹布折叠到一定的厚度，由里向外擦。

（7）厨房内如有破碎的玻璃器具和陶瓷器皿，要及时用扫帚处理掉，不要用手去捡。

（8）发现工作区域有暴露的铁皮角、金属丝头、铁钉之类的东西，要及时敲掉或取下，以免划伤人。

2. 跌伤和砸伤

由于厨房内地面潮湿、油腻、行走通道狭窄、搬运货物较重等因素，非常容易造成跌伤和砸伤。其预防措施为：

（1）工作区域及周围地面要保持清洁、干燥。油、汤、水洒在地面后，要立即擦掉，尤其是在炉灶操作区。

（2）厨师的工作鞋要有防滑性能，不得穿薄底鞋、已磨损的鞋、高跟鞋、拖鞋、凉鞋。平时所穿的鞋脚趾和脚后跟不得外露，鞋带要系紧。

（3）所有通道和工作区域内应没有障碍物，橱柜的抽屉和柜门不应当开着。

（4）不要把较重的箱子、盒子或砖块等留在可能掉下来会砸伤人的地方。

（5）厨房内员工来回行走路线要明确，尽量避免交叉相撞等。

（6）存取高处物品时，应当使用专门的梯子，用纸箱或椅子来代替是不安全的。过重的物品不能放在高处。

3. 扭伤

扭伤也是厨房较常见的一种事故。多数是因为搬运超重的货物或搬运方法不恰当而造成的。具体预防措施是：

（1）搬运重物前首先估计自己是否能搬动，搬不动应请人帮忙或使用搬运工具，绝对不要勉强或逞能。

（2）抬举重物时，背部要挺直，膝盖弯曲，要用腿力来支撑，而不能用背力。

（3）举重物时要缓缓举起，使所举物件紧靠身体，不要骤然一下猛举。

（4）抬举重物时如有必要，可以小步挪动脚步，最好不要扭转身体，以防伤腰。

（5）搬运时当心手被挤伤或压伤。

（6）尽可能借助于超重设备或搬运工具。

4. 烧烫伤

烧烫伤主要是由于员工接触高温食物或设备、用具时不注意防护引起的。其主要预防措施如下：

（1）在烤、烧、蒸、煮等设备的周围应留出足够的空间，以免因空间拥挤、不及避让而烫伤。

（2）在拿取温度较高的烤盘、铁锅或其他工具时，手上应垫上一层厚抹布。同时，双手要清洁。

（3）无油腻，以防打滑。撤下热烫的烤盘、铁锅等工具应及时作降温处理，不得随意放置。

（4）在使用油锅或油炸炉时，特别是当油温较高时，不能有水滴入油锅，否则热油飞溅，极易烫伤人，热油冷却时应单独放置并设有一定的标志。

（5）在蒸笼内拿取食物时，首先应关闭气阀，打开笼盖，让蒸汽散发后再使用抹布拿取，以防热蒸汽灼伤。

（6）使用烤箱、蒸笼等加热设备时，应避免人体过分靠近炉体或灶体。

（7）在炉灶上操作时，应注意用具的摆放，炒锅、手勺、漏勺、铁筷等用具如果摆放不当极易被炉灶上的火焰烤烫，容易造成烫伤。

（8）烹制菜肴时，要正确掌握油温和操作程序，防止油温过高，原料投入过多，油溢出锅沿流入炉膛火焰加大，造成烧烫伤事故。

（9）在端离热油锅或热大锅菜时，要大声提醒其他员工注意或避开，切勿碰撞。

（10）在清洗加热设备时，要先冷却后再进行。

（11）禁止在炉灶及热源区域打闹。

5. 电击伤

电击伤主要是由于员工违反安全操作规程或设备出现故障而引起。其主要预防措施如下：

（1）使用机电设备前，首先要了解其安全操作规程，并按规程操作，如不懂得设备操作规程，不得违章操作。

（2）设备使用过程中如发现有冒烟、焦味、电火花等异常现象时，应立即停止使用，申报维修，不得强行继续使用。

（3）厨房员工不得随意拆卸、更换设备内的零部件和线路。

（4）清洁设备前首先要切断电源。当手上沾有油或水时，尽量不要去触摸电源插头、开关等部件，以防电击伤。

（四）厨房防盗

厨房盗窃的主要目标：一是食品仓库；二是高档用餐具。要防止盗窃，就要加强安全保卫措施。

1. 食品仓库的防卫措施

（1）挂警示牌。

（2）仓库环境的防护。

（3）仓库钥匙的管理。

2. 厨房内的防卫措施

（1）厨房各作业区的工作人员，下班前要将本作业区里的炊事用具清点、整理，有些较贵重的用具一定要放入橱柜中，上锁保管。

（2）剩余的食品原料，尤其是贵重食品原料在供应结束后，必须妥善放置。需冷藏的放进冰箱，无须冷藏的放入小仓库内，仓库、冰箱钥匙归专人保管。

（3）厨房各部分的钥匙，下班后集中交给饭店安全部，由保安人员统一放入保险箱内保管，厨房员工次日来上班时，到安全部签字领取钥匙。

（4）加强门卫监督　加强厨房内部的相互监督，发现问题，及时汇报，及时查处，切不可隐瞒事故，以防后患。

（五）消防安全

1. 厨房火灾的原因

在火灾发生的事故中，厨房成为公共场所发生火灾的主要地点，因厨房着火引起的火灾造成了大量的财产损失、人员伤亡和一些不可挽回的企业品牌形象损失。归纳其起火原因，主要有以下几点。

（1）燃料多　厨房是使用明火进行作业的场所，所用的燃料一般有液化石油气、煤气、天然气、煤炭等，若操作不当，很容易引起泄漏、燃烧、爆炸。

（2）油烟重　厨房长年与煤炭、气火打交道，场所环境一般比较潮湿，在这种条件下，燃料燃烧过程中产生的不均匀燃烧物及油气蒸发产生的油烟很容易积聚下来，形成一定厚度的可燃物油层和粉尘附着在墙壁、烟道和抽油烟机的表面，如不及时清洗，就有引起油烟火灾的可能。

（3）电气线路隐患大　餐饮行业厨房的使用空间一般都比较紧凑，各种大型厨房设备种类繁多，用火用电设备集中，相互连接，错乱的各种电线、电缆、插排，极易虚接、打火。

（4）用油不当会起火　厨房用油大致分为两种，一是燃料用油；二是食用油。燃料用油指柴油、煤油，大型宾馆和饭店主要用柴油。柴油的燃点较低，在使用过程中，因调火、放置不当等原因很容易引起火灾。有的地方将柴油放置在烟道旁，烟道起火时就会同时引发柴油起火。食用油主要指油锅烹调食物用的油，因油温过高起火或操作不当使热油溅出油锅碰到火源引起油锅起火是常有的现象，如扑救不得法就会引发火灾。

2. 预防厨房火灾的基本对策

为了避免火灾的发生，需采取以下预防措施：

（1）厨房各种电气设备的使用和操作必须制定安全操作规程，并严格执行。要在指定的场所吸烟，烟头要及时熄灭。

（2）厨房的各种电动设备的安装和使用必须符合防火安全要求，严禁野蛮操作。各种电器绝缘要好，接头要牢，要有严格的保险装置。

（3）厨房内的煤气管道及各种灶具附近不准堆放可燃、易燃、易爆物品。煤气罐要与燃烧器及其他火源的距离不得少于1.5m。

（4）各种灶具及煤气罐的维修与保养应指定专人负责。液化石油气罐即使气体用完后，罐内的水不能乱倒，否则极易引起火灾和环境污染。因此，在使用液化石油气时，要由专职人员负责开关阀门，负责换气。

（5）炉灶要保持清洁，排油烟罩要定期擦洗、保养，保证设备正常运转工作。

（6）厨房在油炸、烘烤各种食物时，油锅及烤箱温度应控制得当，油锅内的油量不得超过最大限度的容量。

（7）正在使用火源的工作人员，不得随意离开自己的岗位，不得粗心大意，以防发生意外。不要把热油放在炉灶上就离开使其处于无人看管的状态。

（8）厨房工作在下班前，各岗位要有专人负责关闭能源阀门及开关，负责检查火种是否已全部熄灭。

（9）楼层厨房一般不得使用瓶装液化石油气。煤气管道也应从室外单独引入，不得穿过客房或其他房间。

（10）熟悉灭火器放置的地点及灭火器的使用方法。

（11）正确使用灭火器。每类火灾使用不同的灭火器。因此要在灭火器上标明适用于扑救何种火灾。

A类火灾，由木头、纸、布等一般性的易燃物品引起的。

B类火灾，由易燃液体引起的，如油脂、汽油。

C类火灾，由电源开关、电机、电器等引起的。

注：千万不要用水或适用于A类火灾的灭火器扑救B类火灾或C类火灾，这只能使火势更猛。

（12）在炉灶旁时时准备一些盐或沙子，以备急用，扑灭火焰。发生火灾时，如有时间，把所有的煤气开关、电器开关都关掉。把着火房间的门关闭。紧急出口要保持畅通无阻。

（13）加大对厨房员工的消防安全教育，定期或不定期地对其进行培训，并制定相应的消防安全管理制度。

（六）厨房设备的安全使用

（1）不要使用不会使用的设备。

（2）要注意设备上的一些安全措施。切片机不使用时停机，刀片关上。

（3）当设备运行时不要用手、勺或铲子接触设备上的食物。

（4）在拆卸或清洗电器设备前，要拔掉电源插头。

（5）接通电源前要检查设备开关是否关闭，未关的关上后再插上电源。

（6）手湿或站在水中时，不要接触或操作任何电动设备。

（7）安全着装，围裙和袋子要系好，以免被卷到机器中。

（8）专用设备专项使用，不要挪作他用。

（9）锅或其他器皿应该安稳地摆放在架子上，以免掉落。

二、厨房常见食物中毒的预防

食物中毒对餐饮企业经营危害极大，防患于未然应成为餐饮经营的安全工作宗旨。食物中毒多发的原因主要是企业卫生条件差、生产没有严格卫生要求、对食物处理方法不当等，因此预防食物中毒是厨房安全生产的另一主要方面。

1. 防止食物污染

食物污染是指食物在运输、储存、生产、销售等环节受到外界环境各种有害有毒物质的污染，如生物性污染、化学性污染、放射性污染等，使食物的营养价值和卫生质量降低，给人体健康带来不同程度的危害。防止食物污染，要求严格选择原料，使用专用食物输运工具，储存区应干净卫生，生产过程中必须对食物进行杀菌消毒处理，员工必须定期检查身体，工作中必须按卫生规范要求进行操作。

2. 防止食物中有毒物质

有些食物中本身含有毒素，如白果、马铃薯、四季豆、河豚等都含有有毒物质，必须对此类食物进行严格鉴定，使用正确的加工生产方法，不能食用的绝不能选用。

3. 防止食源性疾病

食源性疾病是指食用了含有寄生虫的食物而引起的疾病，要求对此类食物应查验有关的销售卫生检疫证件，严格按照国家有关规定执行。

总之，餐饮企业必须持有国家卫生监督机构核发的卫生许可证，严格按照《食品安全法》和饮食卫生"五四"制，科学烹饪，才能最大限度地杜绝食物中毒事件的发生。

三、厨房常见安全事故的排查与控制处理

（一）食品安全事故

食品安全事故，指食物中毒、食源性疾病、食品污染等源于食品，对人体健康有危害或者可能有危害的事故。

食品安全事故以预防为主，常备不懈。工作人员不断提高食品安全事故的防范意识，落实各项防范措施，做好人员、技术、物资和设备的应急储备工作。对可能引发食品安全事故的危害因素要及时进行分析、预警，做到早发现、早报告、早处理。明确责任，分级负责。根据食品安全事故的范围、性质和危害程度，实行个人负责，分级管理。依法规范，措施果断。完善食品安全事故调查处理保障体系，建立健全食品安全事故调查处理工作制度，及时、有效地对食品安全事故和可能发生的食品安全事故进行监测、预警、报告和应急处理工作。依靠科学，加强合作。食品安全事故调查处理工作要充分尊重和依靠科学，要重视开展防范和处理食品安全事故的科研和培训，有效预防和处理食品安全事故。如发生食品安全事故必须配合政府相关职能部门做好事故的排查与控制处理，做好善后工作。

（二）员工人身安全事故

厨房员工人身安全事故常见事故有割伤、跌伤、撞伤、扭伤、烧烫伤、触电、火灾等。防止此类事故的发生主要与厨房的设计、员工操作规范与否以及一些突发事件有关。如果发生员工人身安全事故，要把员工安全放在第一位，及时送医院救治。

■ **思考题**

1. 厨房卫生安全的重要性有哪些？
2. 食物中毒的种类与预防措施有哪些？
3. 如何杜绝厨房生产中事故的发生？

项目 10
厨房产品的营销管理

◎ 学习目标

1. 了解厨房产品销售的特点。
2. 了解餐饮消费者的饮食心理。
3. 掌握厨房产品促销措施。

◎ 学习重点

1. 厨房产品销售的特点。
2. 美食节促销策划。

任务 1　厨房产品的营销特征

◎ 任务驱动

　　1. 厨房产品的销售有何特点?

　　2. 如何根据消费者的心理策划促销方案?

◎ 知识链接

一、消费者的饮食消费心理

　　要研究消费者的消费心理，可以按照消费者不同的工薪阶层、不同的气质、不同的性格、不同的品位、不同的消费类型进行划分。

　　1. 求方便的心理

　　所谓的方便是以注重服务场所和服务方式的便利为主要目的的消费类型。这类顾客往往希望在接受餐厅服务时能方便、迅速，并讲求一定的质量。这种类型的顾客绝大多数时间观念强，具有时间紧迫感，最怕排队等候或上菜时间过长和服务员漫不经心、不讲工作效率。

　　2. 求价廉物美的心理

　　求价廉物美的消费是以注重饮食消费价格低廉为主要目的的消费类型。这种类型的顾客都具有"精打细算"的节俭心理，往往是经济收入较低的消费群体，他们较注重餐厅的特价菜式和服务收费价格，而对质量则不会过分要求。这种类型的消费群体在餐饮市场中占相当的份额；这就要求餐厅的服务档次配套，收费合理，价廉物美，以中、低档的服务项目去满足顾客的需要。

　　3. 求新的心理

　　求新的消费者注重餐厅出品的特色与创新和与众不同的优质服务。他们为了追求新的感受、服务的新颖或环境的氛围而不过分地计较收费的高低。由此而见，餐厅出品的品牌、特色和服务的优质、新颖等都能突显餐厅经营和管理的活力。求新类型的顾客有着巨大的影响力和重复消费的能力。因此，餐厅必须常出新招，以新、奇、特的经营方式招揽客源，给顾客一种新奇的心理感受。

4. 求排场的心理

这种类型的顾客往往在社会上都有一定的地位和经济实力，他们注重物质生活享受，讲求排场，以显示自己实力或达到一定目的为消费目的。这类消费群主要集中在高档酒楼食肆，是高档菜点或高档接待场所的消费者。要满足这类顾客的消费需要，餐厅应提供高质量、高水平的菜点和完善的设备配套以及全面、优质的服务。

5. 求诚信的心理

求诚信的心理是顾客饮食消费的共同需求。他们是重视餐饮企业的信誉，以求得良好的心理感受为目的的消费类型。在服务消费过程中，他们希望餐厅提供质价相称、品质优良的产品，提供安全、卫生、整洁、舒适、愉快的消费环境，以求取消费的合理回报。这类顾客最不满意的是脏、乱、差、不安全的环境以及服务员冰冷的面孔和"一半祖先一半人"的服务态度，甚至出现不必要的口角纠纷和冲突。餐厅经营和管理的成功与否，完全取决于消费者的信心和印象，因此，诚信是经营和服务之本。

二、厨房产品的销售特点

介绍厨房产品、推销菜肴是餐饮活动的重要环节之一，也是餐馆经营者与食客关系的公关过程。在整个就餐活动中，如何根据不同食客的心理，对不同菜点加以介绍，并实事求是、有的放矢地对菜肴进行阐述，满足食客的需求，其中，掌握语言技巧十分重要，如果使用得当，将受益匪浅，带来良好的效益。

1. 抓住菜肴特点介绍菜品

餐馆、酒楼、食店，其制作的菜肴有许多品种，色香味形，各有不同。因此，介绍菜肴时不要千篇一律、背书式地介绍，要有针对性，突出其"名气"，使食客觉得耳目一新，食欲大增。

2. 抓住菜肴变化状况介绍菜肴

任何菜肴在流行过程中都要经过三个阶段，即试销期、热销期、保誉期。不同时期介绍菜肴的语言有很大差别。如一种新菜出现时介绍应突出其新的特色，包括其来源、用料、制法、特点及对人体的益处等，使食客在短时间内对菜有所了解，并产生浓厚的兴趣。当菜肴处于热销期时则不必做详细地介绍，因为顾客有口皆碑，众所周知，有时只需要介绍市场的畅销行情、风行程度等，使食客迅速做出品尝的决定。对于保誉期的菜肴，因为传统菜肴多见，应介绍其质量稳定、历史悠久，使顾客产生信任感，达到吃此菜的目的。

3. 根据食客消费心理介绍菜肴

一般食客在就餐时，可分为几种情况：一是求吃饱，讲求实惠，追求价廉物美，以家常菜为主。应视其心理介绍菜肴，多为食客着想，以寻常风味菜、低档菜、大众化菜肴为好。二是有目的的就餐，朋友相聚、家人团圆、生日祝愿或商务活动的宴请等。介绍菜肴应以宴会菜、组合菜、系列菜等为主，特别要着重介绍本酒店独特的宴会等。三是宣传新菜，如本店出现某特色菜，不少食客闻名而来，介绍这些菜肴要抓住客人的心理，介绍其用料、流行趋势、吃法、盛器等，以加深印象。如北方人和南方人口味不同；老年人追求营养、健康、易消化，口味清淡，年轻人推崇时尚菜肴，多爱吃新潮风味菜；女性偏好价廉物美；企业老板与白领阶层讲究档次等。分清对象予以介绍菜肴，往往能打动食客，使其愉快地就餐，达到促销的目的。

4. 回避食客的禁忌心理介绍菜肴

一些少数民族、外国友人有特殊的饮食禁忌，应特别讲究。如一些食客有某些疾病或特殊癖好，应了解清楚。一些人囊中羞涩，应态度热情，推荐介绍的菜品档次要恰当，不要强人所难，以免使之尴尬，伤其自尊。

三、强化服务理念

现代餐饮服务，除了强调优质服务外，更提倡情感服务和个性化服务。情感、个性化服务更加体现优质服务技巧的内涵和作用，我们所讲的服务技巧可以归纳概括为微笑、情感、熟悉、灵活，就是高质量的服务，令客人满意的服务。

1. 微笑

"微笑"是服务技巧的基础。仪容仪表、礼貌礼节是化解和处理由于工作中出现的失误或引起顾客误会最有效的基本方法，也是情感服务、个性化服务的重要组成部分。微笑作为一种"情绪语言"或可称为"无言的服务"，它可以和有声的语言和行动相配合，直到诱导顾客消费，架起与顾客情感沟通的桥梁，给顾客带来亲切友好的感受，消除顾客陌生和忧虑的心理。微笑可使顾客的消费需求得到最大的满足，正所谓"诚招天下客，客从笑中来；笑脸谈友谊，微笑出效益"。微笑已成为现代餐饮经营和服务的秘诀。

2. 情感

"情感"是服务技巧的手段。所谓的情感，实际上就是情深意切赢宾客。餐厅服务工作是一项与顾客联络感情的工作，服务员用自己微笑的言行、情怀关切的服务让顾客感到满意，就可使新顾客变成老顾客，小生意变成大生意，而且还起到巨大的宣传和影响作用，直接或间接地成为义务宣传员。

3. 熟悉

"熟悉"是服务技巧的核心。"熟悉"的内容非常广泛，而核心的内容在于熟悉餐厅各类产品的名称和特点，熟悉顾客的姓名、工作单位、饮食习惯、接待的对象、消费的层次、菜点的口味与忌讳（建立顾客消费的档案资料），熟悉出品部的生产流程、菜点的基本制作工序以及成品制作时间。要掌握"熟悉"的服务技巧，在强化业务知识培训的基础上提高服务技能，抓好自身的工作素质和服务的知识面，体现眼醒、脑灵、耳清、动作灵活的良好服务状态和工作素养、职业道德。

4. 灵活

"灵活"是服务技巧水平的整合，也是个性化服务的具体表现。所谓的灵活，概括地说就是不管是否有相应的规范和标准，但只要是顾客提出的合理需求，就要用灵活的方法变通，尽最大的能力满足顾客需求。在灵活与变通上，着重要求服务人员具备积极主动为顾客服务的意识。"寻找服务对象，发现客人需要"这种随机应变、灵活变通的服务技巧不但丰富了餐厅服务的规范和标准，还为餐厅招徕更多的消费客源。

在现代餐饮经营和管理中，服务技巧作为一种科学艺术和行为规范准则将更加广泛地融合到优质服务中去。用现代餐饮管理的理论指导实践，再从实践中丰富理论，这是现代餐饮管理和整合优质服务客源的最高境界，也是餐饮业管理的一种信条和赢得客源、招徕客源的基础。

四、加强前后台沟通协调

前台对厨房产品的反馈意见对后厨的作用极为重要。加强与前台的沟通，可以及时了解顾客对菜肴的满意度，获得顾客的建议，不断改进。与前台良好的沟通可以使后厨运作更顺畅，提高工作效率。

五、根据消费者的心理策划促销方案

在制定促销方案时要充分考虑到消费者的心理因素，做到有的放矢。除了考虑一般消费者求方便、求物美价廉的心理特点，还要考虑一些消费者对新奇产品的心理需求。厨房要鼓励员工不断创新，满足顾客需求。

任务 2　节假日促销管理

◎ 任务驱动

　　1. 如何根据节日特点，挖掘符合节日文化的美味菜点？

　　2. 如何充分把握节日文化，制定促销方案？

◎ 知识链接

　　在酒店经营过程中，节日促销是日常经营的重要组成部分，无论哪一家酒店都不会轻易放过中外节庆日的促销。酒店的经营者应在深入了解传统节日文化内涵的基础上，挖掘其潜在的商业价值，提供满足顾客需求的相关产品。

　　在实际工作中，对于这些特殊节日的促销，酒店往往容易使产品、活动流于形式、落入俗套。对于清明、端午、中秋这样的传统节日，除了吃粽子、送月饼之外，似乎没有什么真正有内涵的创意。其实，每一个节日背后丰富的文化内涵，都蕴藏着无限商机。"三流的酒店靠产品和质量，二流的酒店靠品牌和制度，一流的酒店靠品位和文化"，归根到底，文化最重要，品位最实在。酒店做传统节日促销时离开了这两点就成了无源之水、无本之木。比如，人们除夕为何要高消费在酒店吃"团圆饭"？吃的味道并不重要，吃的过程却意义非凡，整个过程渗透着中国传统文化中关于"家"的一个基本诉求——团圆，团圆的过程就是产品内涵与顾客需求合为一体的过程。举一反三，就可以找到所有节日促销的出发点。

一、根据节日特点挖掘符合节日文化的美味菜点

　　产品的推广促销要抓住各种机会甚至创造机会吸引客人购买，以增加销量。各种节日是难得的促销时机，厨房配合餐厅一般每年都要做自己的促销计划，尤其是节日促销计划。节日促销活动生动活泼，富有创意，可以取得较好的促销效果。

　　1. 中国传统节日

　　（1）春节　这是中华民族的传统节日，也是让在中国过年的外宾领略中国民族文化的节日。利用这个节日可推出中国传统的饺子宴、汤圆宴、团圆守岁宴等，特别推广年糕、饺子等。

　　（2）元宵节　农历正月十五，可在店内外组织客人看花灯、猜灯谜、舞狮子、踩高跷、划旱船、扭秧歌等，参加民族传统庆祝活动，可开展以各式元宵、汤圆为主的食品促销活动。

　　（3）"七夕"——中国情人节　农历七月初七鹊桥相会，这是一个流传久远的民间故事。将"七夕"进行包装渲染，印制和鹊桥相会的图片送给客人，再在餐厅扎一座鹊桥，让男女宾客分别从两个门进入餐厅，在鹊桥上相会、摄影，再到餐厅享用情侣套餐，提供彩凤新

巢、鸳鸯对虾等特选菜式，这将别有一番情趣。

（4）中秋节 中秋晚会，可在庭院或室内组织人们焚香拜月，临轩赏月，增添古筝、吹箫和民乐演奏，推出精美月饼自助餐，品尝花好月圆、百年好合、鲜菱、藕饼等时令佳肴，共享亲人团聚之乐。

中国的传统节日还有很多，如清明节、端午节、重阳节等，只要精心设计，认真加以挖掘，就能制作出一系列富有诗情画意的菜点，以借机推广促销。

2．外国节日

（1）圣诞节 12月25日，是西方第一大节日，人们着盛装，互赠礼品，尽情享用节日美餐。在饭店里，一般布置圣诞树和小鹿，有圣诞老人赠送礼品。这个节日是厨房产品进行推销的大好时机，一般都以圣诞自助餐、套餐的形式招徕客人，推出圣诞特选菜肴，如火鸡、圣诞蛋糕、圣诞布丁、碎肉饼等，唱圣诞歌，举办化装舞会、抽奖等各种庆祝活动。圣诞活动可持续几天，餐饮部门还可用外卖的形式推广圣诞餐，扩大销售。

（2）复活节 每年春分月圆后的第一个星期日为复活节。复活节，可绘制彩蛋出售或赠送，推销复活节巧克力蛋、蛋糕，推广复活节套餐，举行木偶戏表演和当地工艺品展销等活动。

（3）情人节 2月14日，是西方一个浪漫的节日，厨房可设计推出情人节套餐，推销"心"形高级巧克力，展销各式情人节糕饼。特别设计布置"心"形自助餐台，特别推广情人节自选食品，也会有较好的促销效果。

西方的节日也还有很多，如感恩节、万圣节等，在节日期间推出新的菜品，吸引顾客。

二、把握节日文化制定促销方案

节假日促销活动方案的制定要充分把握节日文化。不仅要推出传统的节日菜肴，酒店策划部门也可以同时举办一些传统活动配合餐饮部门，充分体现节日文化氛围。如春节可举办守岁、撞钟、喝春酒、谢神、戏曲表演等活动，丰富春节的生活，用生肖象征动物拜年来渲染气氛，可以取得很好的效果。

任务 3 美食节活动的促销管理

◎ 任务驱动

1. 如何策划美食节活动？

2. 怎样确保美食节活动的顺利开展？

◎ 知识链接

一、美食节活动策划

美食节是针对一些具有一定实力的餐饮企业为推销本企业菜品而采取的具有一定规模的系列促销活动，也可以说美食节是企业精美食品的展示会。美食节不同于其他营销手段，它能给餐饮经营者提供一个全面展示自己实力的机会。首先，是对企业经营菜系的整体推销，有助于企业进一步改进现有菜品质量，发展拳头产品和"拿手菜"。其次，有利于扩大餐饮企业的声誉和影响，使企业树立良好的社会形象。顾客可通过美食节进一步了解企业，认识企业。企业可以争取新客源，巩固老主顾，获取竞争优势。美食节采取与社会公众直接见面的方式，对精品美食进行介绍，所以美食节需要一个细致、周密的策划过程，它包括市场、目的、主题及形式等多个环节。

美食节的活动策划一般包括四个部分。

1. 场地策划

美食节的活动大多是在店内举办，但有时候可依据餐饮企业自身的条件，如必要时可在门前的草坪上举行，也可借用周边的游泳池、喷泉及花园或广场来举办。场地选择要本着有利于营造氛围和扩大销售额的目的。

2. 活动内容策划与创意

活动内容应能吸引顾客，所以应具有独特性并能给顾客留下深刻的印象。最好能制造出有顾客参与的新闻活动，使企业的活动能引起当地报刊、电台等新闻媒体的注意和参与。

（1）活动内容应根据消费对象来确定　如美食节是面向素质较高的知识阶层的顾客，活动就应具有文化内涵；如是面向商务客人，就要突出现代商业气息；如面向广大工薪阶层，活动就应贴近生活，增加大众化的内容。

（2）活动内容应根据美食内容来确定　一般饮食都包含着较浓的民族或地方文化特色，所以美食节的活动应根据菜品内容体现出其深层的民族和地方特色。如墨西哥美食节，其活动中如果有佩戴大草帽的"墨西哥牛仔"和"西班牙女郎"的表演，那么就会使整个美食节始终处于异国情调的氛围中。

（3）活动规模应根据形式来确定　活动规模一般要根据场地及推出美食的内容来确定，特别是美食节的开幕式或闭幕式应具有轰动效应，场面要宏大。

3. 活动过程策划

美食节活动过程持续的时间、每天的活动内容、各环节的安排、举办时间、联络人、主持人、负责人，尤其是顾客参与的活动环节等细节必须提前计划，安排妥当。

4. 活动预算策划

美食节活动和整体计划应该依据预算来进行。

二、美食节活动计划的实施

1. 美食节的时机选择与有效宣传

举办美食节活动，一般都应选择比较成熟的时机或条件。就外因而言，应有举办美食节的特殊时机，比如有较充足的目标客源；就内因而言，企业应具有推出新的产品系列或者是能够改变现有经营状况的实力等。

美食节作为企业发展的契机，一方面可从菜品和菜系入手，突出自身的特点、风格，扩大餐饮企业主打菜品的影响力；另一方面也可从企业发展的角度入手，把握时机，利用美食节，在原有基础上创新，使菜品形式、制作方法、经营模式有一定的规划和突破。

举办美食节既是企业特色和实力的展示，同时也是一种较为理想的促销手段。由于美食节的举办需要消耗大量的人力物力，因此举办美食节必须在大环境十分有利的情况下，才易于达到名利双收的效果。同时，美食节的成功举办也会给大环境增加气氛，将活动推向高潮，由此可见，选择恰当的时机对于举办美食节是非常重要的。

通常情况下，举办美食节有以下几种较恰当的时机。

（1）盛大会议期间　当地举办全国性大型会议，如餐饮文化研讨会等，或如一年一度的大连国际时装节、长春电影节和其他一些地区的商贸博览会等，此时外地宾客居多，可以举办以本地特色菜品或地方小吃为主要内容的美食节。

（2）节日、纪念日、庆典日期间　在如春节、元宵节、中秋节等节日里，人们常以团体或全家的形式在外就餐。如果恰逢大型庆典日，美食节不但乘兴，更会助兴。

（3）季节性假期或当地风俗节假日期间　如暑假期间可举办具有热带风情的消夏美食节，引进异地文化，同时展示异地美食。

除上述几种时机外，举办美食节还要按照本地区的实际情况，比如本地区与国内外其他城市建立友好城市关系，可借机举办以对方城市风情或特色为主题的美食节。这么做不但起到了加强两地文化交流的目的，而且还可以提高企业在两地的知名度，这样美食节的效果也会相当理想。

美食节的宣传活动主要是让人们了解餐饮企业的经营内容，树立一种良好的企业形象，并提高美食节的营销功能。美食节的宣传应根据不同时期而采取不同的宣传手段。

美食节筹备期间的宣传活动，主要是通过新闻媒体向大众广泛宣传企业的形象。这种宣传方式应注意所采用的媒体形式，宣传的时机、步骤以及宣传的内容。宣传活动应能体现出餐饮企业形象的个性特征及文化底蕴。宣传的重点应落在企业的总体实力、信誉、经营风格上。具体来说就是菜品的生产，拥有的高级厨师，优良的厨房设备，上乘的服务，以及菜品质量、风味、服务风格、经营特点、经营观念。

美食节期间的宣传应与营造氛围相结合，主要是在店外悬挂条幅和印刷、散发宣传册，宣传的内容一般有活动的日程、活动中提供的菜品及服务、活动中的赠品等。同时也要借助新闻媒体扩大宣传。

为进一步提高美食节的知名度，还应邀请业内专家和社会名流参与企业的宣传演讲活动。被邀请的名流不仅可为美食节活动作理论上的后盾，同时还可以提高美食节的档次。如药膳美食节，可邀请营养学专家或名中医，以此来增加美食节的知名度。

美食节期间，还应对菜品利用宣传小册进行宣传。宣传小册是面向顾客的，所以要制作精美，有些菜品应配有彩色图片，菜品的原料、特点，甚至是营养都应成为宣传小册介绍的内容。另一个宣传内容是菜品的价格。宣传小册宣传的内容应符合日常经营内容。

2. 美食节的菜单设计与厨师选聘

美食节大部分以自助形式为主，也有零点与宴会的形式。自助形式的美食节可充分向客人展示出美食节中绝大多数菜品，这样可使客人对美食节有一个较全面的了解。同时企业也可通过现场加工某些具有表演性的菜肴，增加观赏性，另外还可展示本企业厨师高超的技艺，增强对客人的吸引力。自助形式美食节的菜单最好附属于企业宣传小册内，将其作为其中最精彩的部分，而不必独立成册。因为在采用这种形式时，客人并不需像零点那样点菜，只是在轻松愉快的环境中随意地浏览品尝各种菜品（应在展示台上标出各菜肴名称）。客人通过宣传小册，可一边对本企业有一个全面的了解，一边对照小册中的菜单，通过文字介绍了解各种菜肴的典故、特色等。由于这种宣传小册可由客人带走作扩大宣传之用，因此菜单应制作美观，菜单内应附有部分彩色插图及特色、创新菜肴的介绍、实照等，以起到加深宾客印象及扩大营销的作用。

如果美食节以零点形式出现，菜单设计就应考虑以下几个问题。

（1）菜单设计 由于这类菜单多为一次性或临时性使用，所以应在考虑成本的前提下考虑菜单的设计，使它既要美观又要经济实用。同时因菜单也是一种纪念品，因此应注意印制的数量及展示力。

（2）菜品数量 由于菜品数量涉及企业成本管理，厨师、服务人员及其他各项准备的安排，因此应仔细斟酌，既不可偏多，又不可偏少，否则可能造成经济损失或影响美食节的气氛。原则上菜品应以80种左右为宜。

（3）菜品排序 可根据菜品价格，菜系及普通、特色、创新的顺序排列。但无论如何都应将利润最大或最受欢迎的菜品排列在同类菜品之首。

（4）价格变化 部分为大众所熟知的菜肴可适当降低价格；特色及创新菜肴因其不具备

可比性，此时应适当提高价格，以增加利润，突出新品特征；其他菜肴应维持原有价格水平。

（5）菜品描述　因其是零点形式，所以不能从总体上呈现美食节特点。作为宾客了解菜品的唯一渠道——菜单，应能较详细地对菜品作一介绍，特别应突出创新及特色菜，以此来达到宣传、推广的目的，同时也是对本企业的一种宣传。

如果能充分注意到以上五点，基本上可使美食节零点菜单趋于完美。

此外，宴会形式的菜单除应考虑到以上五点外，还要对套菜菜单作重点设计。套菜菜品，除需注意菜品的色、香、味、形、器及普通、创新、特色菜肴的搭配外，还要注意菜品的营养价值以及突出美食节的主题等。此类菜单不必对菜品作过多的描述，而可以在进餐上菜过程中由服务人员直接介绍其中的一些特点，如地域风味、历史掌故等。这样既可烘托宴会气氛，同时还可展示本企业服务员的风采及口才。但需要注意的是，由于菜单可作为赠品送给客人，因此描述性文字也不宜过于简单。

由于美食节主要展示精品美食，因此菜单便成为美食节中的关键。菜单的设计应聘请专业设计人员在全面了解的情况下，与各方通力合作，设计出与美食节相适应的菜单。同时，由于菜单的流动性会直接影响到企业的自身形象，因此在设计上更应慎重。只有这样，才能使菜单在美食节中真正发挥其应有的功能，并达到预期的宣传效果。

此外，还要注意到选聘厨师工作的好坏将直接决定美食节举办的成败。美食节的厨师要按照一定的比例数量尽量挑选那些来自烹饪文化比较发达地区的厨师，或来自一些有风味特色食品的地区的厨师。聘请的厨师应在当地有很高的知名度和良好的声誉，以便能更充分扩大本企业的影响力，从而达到利用美食节来宣传本企业的目的。

厨师的选择一般要具有下列依据：

● 根据本企业的菜品特色选聘相应的厨师。
● 厨师在美食节方面有较丰富的经验。
● 大胆使用有创新能力的厨师。
● 尽量使用本企业的厨师。

总之，美食节的厨师选聘是一个较为复杂精细的工作，要依据美食节的规模大小来选聘一定等级、一定数量的高素质厨师。

3. 美食节的环境布置

作为现代餐饮企业最新营销手段的美食节，的确能为顾客提供一个享受美味的机会。一对情侣、一个家庭或几位知心朋友到餐厅或饭店参加美食节活动，他们不仅要求食品和饮料的质量好，而且还要求有相应的气氛、幽雅的环境布置以及优质的服务。

在众多影响因素中，环境的布置是十分重要的。不管美食节是在室内餐厅举行，还是在花园草地露天开展，环境的装饰尤其要引起重视。由于每一个美食节都有其特定的主题，环境布置也正是为了突出这个主题，所以视觉形象设计应十分仔细，因为每一个细小的地方都会影响到整体风格。设计者一定要在具备民俗、民艺、各地风格及美学知识的基础上，合理布局，只有这样才能达到理想的效果。

环境设计应从一般装饰、灯光、色彩及服务员仪表等多方面进行设计。例如，要举办一个中国特色菜品的美食节，设计者可以运用别有风味的小桥流水景致，这样就颇具中国幽静、悠然的风格。幽雅独特的就餐环境已成为一种餐饮产品促销的手段和条件，目前在中国餐饮企业中最常见的是体现民族风情和异国风情的美食节。比如，反映傣族特色的美食节装饰，一般在楼门及楼体正面用竹木拼装，这样会让人一看就联想到傣族传统的竹木小楼。由于傣族是一个爱水的民族，水是吉祥与洁净的象征，所以可以在展示台和餐桌旁摆放一盆水和顾客共享泼水节的欢乐。又如，举办一个体现边疆特色的美食节，则可以在大厅内设计参天古木，藤蔓交错，绿荫葱茏，更有竹桥篱墙，充满盎然的野趣，令顾客虽身处闹市之中却能尽情享受边疆风光。若是一个反映江南特色的美食节，采用富有明清时代特色的视觉效果，用明清时代的家具、设施、字画点缀其间，再配上古筝、古琴演奏的乐曲，很自然就营造出一种清静、幽雅的气氛。

当然，除了这些民族风情、异国情调的装饰效果以外，还有一些主题性的装饰和视觉形象设计，比如，海鲜美食节时可选择航海为主题背景，采用船锚、桨、航标、渔网和贝壳等模型作为大厅的装饰，这时若用淡蓝色、椰树、海鱼等装饰都可使用餐者产生美好的海洋联想。另外，在描绘一个古老的西方主题时，铜制的做饭盛器、雅致的大宴会厅标记、威士忌酒桶等装饰物是尤其合适的。

目前，各餐饮企业的中式美食节往往采用富有民族特色的艺术品来装饰，从匾额、中国书法、扎染做的台布、手工纺织品到中国红木家具、镶嵌家具、瓷器等，这些装饰都散发着浓郁的民族文化气息。

美食节的布置应考虑到整体的色彩搭配、灯光的强弱等因素。在色彩上，一定要考虑民族差异，要使色彩富有民族情趣，符合民族心理，让顾客产生一种对自己国家的亲切感、对别国气氛的新鲜感。因此，应遵循民族化的原则，使其与民族心理相吻合。由于不同民族文化思维模式和审美情趣有别，所以对色彩的象征意义上的认识有明显差异。如中国、韩国、美国等许多国家都认为红色是积极的、干净的，所以很多时候都以它为标准色，追求的是它对人的视觉和心理刺激的强烈效果；但也有些国家将红色作为嫉妒、暴虐、恶魔及死亡的象征。一般而言，紫色、蓝色和淡绿色是冷色调，可以使客人感到轻松，这是休闲色调；相反，红色和黄色等暖色具有一定刺激性，是催人活动的色彩，这些颜色可以给人以快感和活力。对于灯光的强弱，也应掌握好尺度，太亮会刺眼，使顾客缺乏食欲，太暗又会让人感到昏昏沉沉，没有情绪。因此，色彩和灯光同样是影响美食节成败的重要因素。

此外，服务人员的穿着、仪表及服务过程也是一种动态的环境。在具有中国特色的美食节上，服务小姐身着旗袍，亭亭玉立、落落大方，对顾客进行服务时莺声燕语，营造出一种幽雅的用餐环境。另外，服务人员的站立也是视觉效果的重要组成部分。如果服务人员过多，站得过密，会给人以紧张的感觉，而顾客在众目睽睽下用餐是极不自然的，因此服务员的数量、站立地点、站姿都是应考虑的因素。

环境设计应充分利用场地空间，可通过展示台的摆放、座位的布置、菜品的装饰等来营造宽松的就餐环境。

总之，一个美食节的策划环境布局很重要。差别化应是市场竞争的主要形式，只有这样才能使美食节得到预期的回报。

4. 顾客意见卡的设计与适用

顾客意见卡的设计繁简，可依据经营的规模而定。

三、美食节的运作与管理

美食节活动的好坏，直接影响到饭店餐饮的声誉，关系到企业经营的成败。因此，作为美食节组织经营的管理人员，一方面要对人、财、物、信息和时间等实现最充分的利用，实行全面质量管理和经济核算；另一方面要注意成本控制，减少浪费，以经济效益为中心，实现管理优化，保证美食节正常进行。

餐饮企业经过对美食计划进行必要的审核后，就应该进入运作实施阶段。主要包括美食节的宣传、组织和实施。

美食节的宣传可分为内部宣传及对外宣传两种方法。内部推广方法包括宣传单、海报、升降梯海报、员工介绍和电话推广。对外推广方法包括广告、新闻稿、食评专家试食及报道、宣传单、外墙横幅和互联网宣传。

美食节开始之前需要完成各项准备工作，这需要餐饮管理者和厨师长通力合作，组织安排好人手，为美食节圆满举办做好准备，通常有以下的工作需要安排，包括厨房安排、落实菜单和其他安排包括饮品、装饰、服饰的安排。

美食节的实施阶段需要做以下的工作，包括参与商讨会议、部门试餐活动、菜肴口味评价、采访及拍照、菜肴操作标准等。

■ 思考题

1. 厨房产品的销售有何特点？
2. 如何做好前后台的沟通协调？
3. 节假日如何做好产品的促销管理？
4. 怎样确保美食节活动的顺利开展？

参考文献

［1］邵万宽. 现代厨房生产与管理［M］. 南京：东南大学出版社，2008.

［2］饶雪梅. 酒店餐饮管理实务［M］. 广东：广东经济出版社，2007.

［3］李刚. 厨房管理知识［M］. 北京：中国劳动社会保障出版社，2007.

［4］人力资源和社会保障部教材办公室. 酒店管理师（三级）［M］. 北京：中国劳动社会保障出版社，2009.

［5］（美）韦恩·吉斯伦. 专业烹饪：第四版［M］. 李正喜，译. 大连：大连理工大学出版社，2005.

［6］苏伟伦. 宴会设计与餐饮管理：经营的艺术与个性化管理［M］. 北京：中国纺织出版社，2001.

［7］马开良. 现代厨房管理［M］. 2版. 北京：旅游教育出版社，2018.

［8］徐文苑. 酒店餐饮运作实务［M］. 北京：清华大学出版社，2012.

［9］冯玉珠. 餐饮产品研发与创新［M］. 北京：中国轻工业出版社，2012.

［10］邵万宽. 厨房管理与菜品开发新思路［M］. 沈阳：辽宁科学技术出版社，2005.

［11］马开良. 现代饭店厨房设计与管理［M］. 沈阳：辽宁科学技术出版社，2001.

［12］张建军，陈正荣. 饭店厨房的设计和运作［M］. 北京：中国轻工业出版社，2006.

［13］王美. 厨房管理实务［M］. 2版. 北京：清华大学出版社，2015.